W0268965

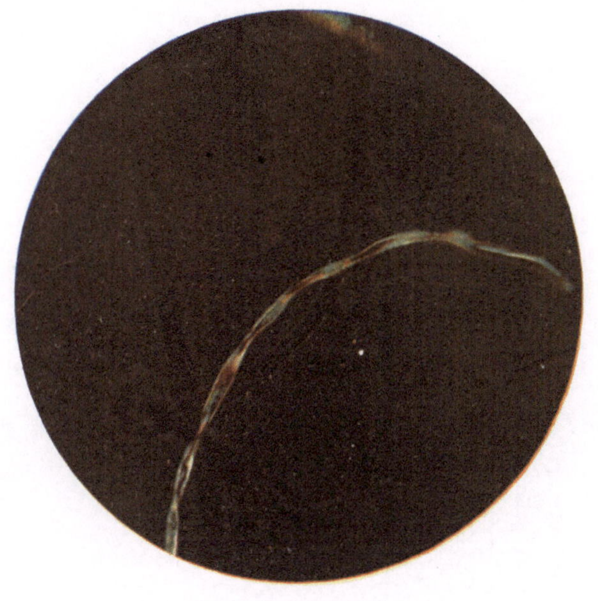

Gewöhnliche (hell) und nitrierte dunkel Baumwolle im polarisirten Lichte unter dem Mikroskope gesehen.

Springer-Verlag Berlin Heidelberg GmbH

Zwanzig Jahre
Fortschritte in Explosivstoffen

Vier Vorträge

gehalten in der Royal Society of Arts in London
November/Dezember 1908

von

Oscar Guttmann

in London.

Mit 11 Abbildungen im Text und 1 farbigen Tafel.

Springer-Verlag Berlin Heidelberg GmbH 1909

ISBN 978-3-662-31730-3   ISBN 978-3-662-32556-8 (eBook)
DOI 10.1007/978-3-662-32556-8

Vorwort.

Die vier hiermit veröffentlichten Vorträge wurden auf Anregung meines Freundes Sir Boverton Redwood von der Königlichen Gesellschaft der Künste (Royal Society of Arts) in London für ihre Cantor-Stiftung verlangt, und am 23. und 30. November und am 7. und 14. Dezember 1908 gehalten.

In diesem engen Rahmen war es nur möglich, allgemeine Umrisse der vielen Neuerungen und Verbesserungen der letzten zwanzig Jahre zu bringen, und lediglich die wichtigsten Ergebnisse zu beleuchten. Ich habe mich dagegen bestrebt, durch Mitteilung von sonst nicht allgemein bekannten Ergebnissen, und durch kritische Beurteilung wichtiger Vorgänge und Fragen eine Arbeit von wirklichem Werte zu liefern.

Es gehört dazu einiger Mut, denn es ist manchmal unvermeidlich, mit den Ansichten anderer in Widerspruch zu geraten, oder gar dem Geschäftsinteresse, vielleicht auch der Eitelkeit, mancher nahe zu treten. Es wird mir aber die Anerkennung nicht versagt werden, daß ich in fünfundzwanzig Jahren solcher Tätigkeit stets peinlich unparteiisch geblieben bin.

Die Vorträge haben nicht nur mehrmonatliche Vorbereitung, sondern auch umfassende Erkundigung und Nachforschung nötig gemacht, welche nur durch die weitgehendste Unterstützung von Freunden, Behörden und Kollegen möglich waren; es ist mir deshalb ein Bedürfnis, ihnen auch hier herzlichst zu danken.

London, Neujahr 1909.

Oscar Guttmann.

I.

Vor etwa 25 Jahren hat diese Gesellschaft ihr Interesse an Explosivstoffen gezeigt, indem sie einen Preis für ein Verfahren oder eine Vorrichtung ausschrieb, welche die Gefahren während der Erzeugung vermindern könnte. Obzwar ich einmal einen Vortrag über diese Gefahren hielt, bin ich nicht gekommen, um diesen Preis zu beanspruchen; 32 Jahre unausgesetzter Arbeit mit Explosivstoffen haben mich gelehrt, in bezug auf Erfindungen bescheiden zu sein. Ich habe mich jedoch bemüht, das Publikum von Zeit zu Zeit mit dieser Industrie in Berührung zu halten und bin dem Vorstande dieser Gesellschaft, welche einen so weit reichenden Einfluß auf die britische Industrie ausgeübt hat, dankbar dafür, daß sie mich aufgefordert hat, einen Überblick über den Fortschritt der letzten 20 Jahre zu geben.

Ich zweifle, ob in der Geschichte der Explosivstoffe es einen wichtigeren Zeitraum gegeben hat als die letzten 20 Jahre, oder einen, in welchem mehr Erfindungen von wirklichem Werte zutage kamen. Ein kurzer geschichtlicher Rückblick wird sehr nützlich sein, um diese Tatsache zu schätzen.

Von der Zeit der Erfindung des Schießpulvers an oder ungefähr seit 1250 (Roger Bacon kannte es jedenfalls im Jahre 1264) bis zum Beginn des 19. Jahrhunderts wurde kein anderer Explosivstoff in die Praxis eingeführt, obzwar Pikrinsäure und Knallquecksilber ungefähr um die letztere Zeit bekannt waren. Im Jahre 1756 hat Le Blond in der französischen Staatsfabrik von Essonne Versuche zur Erzeugung von Schießpulver ohne Schwefel angestellt und ein britisches Patent für ein Pulver mit Steinkohlenkies und ohne Kohle wurde von Delaval im Jahre 1766 genommen.[1]) Das ist aber alles.

Im Jahre 1788 versuchten Berthollet und Lavoisier den Zusatz von Kaliumchlorat und im Jahre 1861 machte

Designolle ein Pulver aus Kaliumpikrat und Salpeter, aber ohne besonderen Erfolg. Im Jahre 1846 erschien Schönbein mit der Erfindung der Schießbaumwolle und im Jahre 1847 Sobrero mit Nitroglyzerin, aber die österreichische Regierung, welche allein Schießbaumwolle in Geschützen versuchte, unterbrach die Versuche plötzlich im Jahre 1867, da ihre Lager in Hirtenberg in die Luft geflogen waren. Es ist interessant, daß erst um diese Zeit herum Nobel mit Dynamit zu arbeiten begann. Ungefähr um dieselbe Zeit fingen die Versuche der britischen Regierung mit Schießbaumwolle an dem Punkte an, wo die Österreicher aufgehört hatten, und dieselbe wurde für Sprengstoffe in das Heer eingeführt, welches Beispiel dann von anderen Regierungen befolgt wurde. Im Jahre 1875 machte Sprengel seine wohlbekannten Mitteilungen an die Chemical Society „über eine neue Klasse von Explosivstoffen", welche seitdem nach ihm benannt wurden, und im Jahre 1878 war es wieder Nobel, welcher die Sprenggelatine erfand. Ungefähr um das Jahr 1864 herum machten Abel und Dr. Kellner vom Arsenal in Woolwich ein körniges Schießpulver aus Schießbaumwolle und zur selben Zeit wurde ein Jagdpulver aus nitriertem Holze, das Schultze-Pulver, eingeführt. Dieses wurde in Österreich unter dem Namen „Nitroxylin" erzeugt. Später, im Jahre 1882, machte Reid Körner aus löslicher Schießwolle und härtete dieselben durch Ätheralkohol, welches Produkt er EC-Pulver nannte. In meiner dritten Vorlesung werde ich auf das wichtige, im Jahre 1870 erzeugte, rauchlose Pulver von Friedrich Volkmann Bezug nehmen.

Dies war der Stand des Handwerkes im Jahre 1886, als gleichzeitig Eugen Turpin aus Paris die Verwendung von gepreßter oder geschmolzener Pikrinsäure als Granatenfüllung vorschlug und Vieille seine bekannten Versuche ausführte, welche in der Erzeugung des Poudre B (nach General Boulanger so benannt) ausklangen. Zur selben Zeit erkannte man, daß die meisten Explosionen in Kohlengruben auf die Entzündung von Grubengas durch das Abtun der Schüsse zurückzuführen seien, und daß es möglich ist, sog. Sicherheitssprengstoffe herzustellen, welche diese Gefahr bedeutend vermindern.

Hiernach kamen Untersuchungen und Erfindungen in beinahe zu rascher Folge. Unfrierbare Dynamite, Dinitroglyzerin-

Explosivstoffe, Pikrinsäureverbindungen und Trinitrotoluol-Explosivstoffe, Fulminate aus aromatischen Nitrokörpern, phlegmatisiertes Fulminat, detonierende Zündschnüre und viele andere Stoffe wurden erfunden. Nitrozellulose, welche wohl komplizierter als irgendeine andere Substanz ist, wurde durch Cross und Bevan, Häußermann, Lunge, de Mosenthal, Vignon, Will u. a. untersucht und die Stabilität der Nitrokörper, die Eigenschaften von Nitroglyzerin und vielen anderen Substanzen durch eine Armee von Forschern geprüft. In der Tat hat man seit 1886 ebenso wichtige Ergebnisse erzielt, wie in der ganzen vorhergegangenen Zeit. Dies ist in erster Linie der großen Summe wissenschaftlicher Forschungen und Versuche zuzuschreiben, welche die Fabrikanten dem Studium solcher Fragen widmeten, teils weil dieselben dazu durch Rücksichten auf die nationale Verteidigung, die Erfindung der Gesteinsbohrmaschine und durch Konkurrenz gezwungen wurden, und teils weil jene, welchen die Schulung für solche Forschungen fehlte, durch die erzielten Resultate zur Schätzung der Arbeit anderer überzeugt werden konnten. Während bis vor etwa einer Generation der sog. Pulvermacher ein Handwerker war, welcher seine kleinen Handgriffe als kostbare Handwerksgeheimnisse hütete, und während selbst die Erfinder brisanter Explosivstoffe in höchst empirischer Weise vorgehen mußten, wird es jetzt allseitig anerkannt, daß nur die besten wissenschaftlichen Kenntnisse Verbesserungen ausführen und mit der modernen Entwicklung der Industrie Schritt halten können.

Ich habe bei anderer Gelegenheit gezeigt[2]), eine wie große Menge von Kenntnissen des Ingenieur- und Fabrikationswesens für Fabriken brisanter Explosivstoffe nötig ist, nachdem dieselben in der Regel selbst ihre Rohstoffe erzeugen und ihre Abfallstoffe aufarbeiten, sonach in viel größerem Maße chemische Fabriken als Explosivstoff-Fabriken sind, während zugleich die Tatsache, daß sie große Grundstücke bedecken, die Einführung besonderer Einrichtungen erfordert.

Wie andere habe auch ich einmal gedacht, daß der Gebrauch von Schwarzpulver im Aussterben sei und vielleicht wird dies in der Tat einmal der Fall sein. — Ich gestehe aber, daß ich nicht genügend mit dem konservativen Geiste der Bergleute rechnete, welche in vielen Fällen höchst zähe an dem alten Schwarzpulver hängen. Während für Kriegszwecke die Verwendung von Schwarzpulver und selbst die des späteren braunen Pulvers eine quantité négligeable geworden ist, wird Sprengpulver noch in solchem Maße verkauft, daß in den Bergwerken und Steinbrüchen dieses Landes allein nahezu 7000 Tonnen, oder mehr als die Hälfte des Gesamtgewichtes aller Explosivstoffe, im Jahre 1907 verwendet wurden.[3]) Dies ist natürlich nur ein Teil der gesamten in diesem Lande erzeugten Menge, nachdem 3597 Tonnen Schießpulver aller Art britischer und irländischer Erzeugung ausgeführt wurden und viel für Eisenbahnen, Straßenbauten usw. gebraucht wurde.[4])

Innerhalb der letzten 20 Jahre wurde so gut wie gar kein Fortschritt in Schwarzpulver gemacht. Braunes Pulver, welches bekanntlich schwach gebrannte Holzkohle und einen kleinen Prozentsatz von Schwefel enthält, hat das Schießen aus großen Geschützen sehr verbessert, aber mußte allmählich dem rauchlosen Pulver, selbst für die größten Geschütze, weichen. Ein wenig Schwarzpulver wird noch als Anfeuerung für große Ladungen verwendet, aber selbst für diesen Zweck wird es allmählich von besonders hergestelltem rauchlosem Pulver verdrängt werden. Es gibt noch alte Jäger, welche nur das gute alte feine schwarze Jagdpulver schießen wollen und das ist insbesondere in entlegeneren Gegenden Deutschlands, Österreichs und Italiens der Fall, während in den Vereinigten Staaten von Amerika Berufsjäger, d. h. solche, welche wildes Geflügel für den Markt schießen, schwarzes Pulver wegen seiner Billigkeit verwenden. In dieser Hinsicht ist ein gewisser Wettstreit mit rauchlosem Pulver im Zuge und die Fabrikanten von schwarzem Jagdpulver sind dadurch gezwungen, besondere Anstrengungen zu machen und nur die besten Qualitäten zu erzeugen, was auch einigermaßen das Interesse für die Erzeugungsweise von Schießpulver wieder erweckt. Es ist interessant, daß die sog. Verbesserungen in dieser Erzeugung eigentlich nur Wiederbelebungen alter Verfahren sind. So hat z. B. das Mengen von Pulver in Trommeln für manche Zwecke den Gebrauch von Kollermühlen verdrängt und das sog. Schweizer oder „Naßbrand" Pulver, ein Pulver bestehend aus vollkommen kugelförmigen Körnern gleicher Größe und von solcher Zusammensetzung, daß es einen rasch Feuchtigkeit aufnehmenden Rückstand ergibt, ist wieder in der Gunst gestiegen. Die Maschinen zum Rundieren dieses Pulvers sind noch dieselben wie vor 140 Jahren beschrieben. [5])

Die ungeheure Entwicklung der deutschen Kaliindustrie und die eigentümlichen Anforderungen der Kali- und Salzbergwerke haben auch das Interesse an manchen weniger innigen Mischungen von schwarzpulverartigen Explosivstoffen wieder erweckt, von welchen große Mengen in Deutschland verkauft werden. Sie werden sich erinnern, daß schon im Jahre 1865 Neumayer ein besonderes Pulver in den Staßfurter Salzgruben versuchte. [6]) Heutzutage macht man Sprengsalpeter, welcher aus 75 Teilen Natriumnitrat, 15 Teilen Braunkohle und 10 Teilen Schwefel besteht, oder praktisch ein Schwarzpulver mit Natriumnitrat statt Kaliumnitrat darstellt. Ein anderer Explosivstoff dieser Art ist Petroklastit [7]), welcher Steinkohlenpech und Bichromat enthält. Noch ein anderer solcher Explosivstoff ist Cahücit, welches unser alter Freund, das Carboazotin oder „Safety Blasting Powder" ist, welches vor 25 Jahren in Wiener Neustadt, bzw. Dartford, gemacht wurde. Es enthält Kaliumnitrat, Schwefel, Ruß, Holzmehl und Eisenvitriol und wird durch Kochen der Mischung mit Wasser in mit Dampf geheizten Pfannen hergestellt. Alle diese Pulver verbrennen langsam und spalten das Gestein mehr als sie es zertrümmern. In Amerika werden auch große Mengen von Schwarzpulver und Natriumnitrat verwendet. Die Arbeitskraft ist dort so teuer, daß man mit diesem billigen Explosivstoffe Arbeiten ausführt, zu welchen man auf dieser Seite des Atlantischen Ozeans Krampe und Schaufel nimmt.

Ein Fortschritt anderer Art wurde erzielt durch Verwendung von Ammonnitrat als Bestandteil einer Pulvermischung. Auch dieses wurde in Frankreich im 18. Jahrhunderte, aber mit wenig Erfolg, versucht. [8]) Amidpulver [9]) jedoch, welches von der Köln-Rottweiler Fabrik erzeugt wird und welches aus 40 Teilen Kaliumnitrat, 38 Teilen Ammoniumnitrat und 22 Teilen Holzkohle besteht, wäre ein ernster Rivale des Schwarzpulvers geworden, wenn die rauchlosen Pulver nicht aufgetaucht wären. Mayer aus Felixdorf in Österreich arbeitete auch in dieser Richtung. Die österreichische Regierung erzeugt Wetterdynammon als Sicherheitssprengstoff, und es besteht nach Ulzer [10]) aus

93,83 Teilen Ammonnitrat, 1,98 Teilen Kaliumnitrat, 3,77 Teilen Holzkohle und 0,42 Teilen Feuchtigkeit, wobei die Holzkohlenteilchen 1—6 μ groß sind.

Weiterer, wenn auch scheinbar geringerer Fortschritt wurde mit Pulver für Zündschnüre gemacht. Wie bekannt, kann man Zündschnüre mit einem Stück Strick vergleichen, welcher eine feine Seele von Pulver enthält. Auch in diesem Falle hat die Konkurrenz dem Verbraucher Gelegenheit gegeben, einen sichereren und verläßlicheren Gegenstand zu verlangen als früher. Es ist höchst wichtig, daß die Zündschnur mit einer bestimmten Geschwindigkeit per Sekunde brennt und daß das Pulver nicht in einzelnen Teilen in der Zündschnur explodiert oder daß die Feuerleitung verzögert und gar in anderen Teilen ganz verhindert wird. Viel Unglücksfälle in Bergwerken sind dadurch entstanden, daß schlechte Zündschnüre den Schuß verzögerten oder stundenlang glimmten. Früher war es nicht ungewöhnlich, daß man das feine Siebgut von Sprengpulver für Sicherheitszündschnüre verwendete, aber die gegenwärtigen scharfen Bedingungen haben alle Fabrikanten gezwungen, eine besondere Gattung von Zündschnurpulver mit konstanter Zusammensetzung, Volumgewicht und Gleichmäßigkeit der Körnung, trotz ihres beinahe staubförmigen Charakters, herzustellen.

Ich werde Ihnen später Mitteilungen über Sicherheitssprengstoffe für Schlagwettergruben machen und will deshalb nur erwähnen, daß in jedem europäischen Lande der Verbrauch von Schwarzpulver in solchen Gruben verboten ist. Es hat deshalb sehr überrascht, als mehrere Schwarzpulvermischungen die amtliche Probe für „gestattete Explosivstoffe" in diesem Lande bestanden haben. Später, als diese Proben strenger gemacht wurden, verschwanden diese Explosivstoffe, aber einer derselben, das Bobbinit, hat selbst die strengen Prüfungen bestanden und steht nunmehr auf der Liste der „gestatteten Explosivstoffe". Nach der amtlichen Definition besteht es aus ungefähr 64 Teilen Kaliumnitrat, 2 Teilen Schwefel und 19 Teilen Holzkohle mit der Zugabe von 15 Teilen von Ammonium- und Kupfersulfat, oder als Alternative von 8 Teilen Stärke und 3 Teilen Paraffin mit einem entsprechenden Mehrgehalte der anderen Bestandteile. Wir wollen später die Gründe prüfen, warum eine solche Pulvermischung Schlagwetter nicht zündet, während gewöhnliches Pulver dies tut.

Da über die angebliche Gefahr von Bobbinit in Schlagwettergruben Klagen erhoben wurden, so hat das Ministerium
des Innern im Jahre 1906 ein Amtskomitee zur Untersuchung
der Angelegenheit eingesetzt, welches zu dem Schlusse gelangte,
daß die Verwendung von Bobbinit gegenwärtig nicht zu beschränken sei.[11]) Die Wichtigkeit dieses Explosivstoffes mag
aus der Tatsache erwiesen werden, daß über eine Million Pfund
Bobbinit im Jahre 1907 in diesem Lande verbraucht wurden.
Ein langsam verbrennender Explosivstoff, welcher die Kohle
nicht zu sehr zertrümmert, hat seine Vorteile und die Tatsache,
daß die Bergleute an Schwarzpulver gewöhnt sind und daß,
wenn wie üblich, das Bohrloch überladen wird, Bobbinit die
Kohle nicht so sehr zerschlägt, haben auch dazu beigetragen,
dieses Pulver populär zu machen.

Im Jahre 1894 wurde beinahe eine Panik hervorgerufen
dadurch, daß Major Hellich entdeckte, der sog. Konversions-
Salpeter enthalte sowohl Perchlorat als Chlorat[12]) und daß
Dr. Panaotovic von der Königlich Serbischen Pulverfabrik in
Stragare durch Nachprüfung alter Muster nachweisen konnte,
daß die meisten Unglücksfälle in seiner Fabrik mit einem bedeutenden Perchloratgehalte im Pulver zusammenfielen, welcher
an der Explosion Schuld hatte.[13]) Es folgten darauf viele
Untersuchungen, die Beweise von Unglücksfällen schienen sich
zu häufen, die deutschen Steinbruchsbesitzer riefen die Gesetz-
gebung an, Fabrikanten versuchten Mittel zur Entfernung des
Perchlorats zu finden, und wie gewöhnlich bemühte sich eine
Anzahl von Forschern geeignete analytische Methoden ausfindig
zu machen. Wir haben in diesem Lande die Sache nicht für
so ernst gehalten, als aber die alarmierenden Nachrichten aus
dem Auslande nicht übersehen werden konnten, haben Herr
Bertram Blount und ich für gewisse regelmäßige große Liefe-
rungen den Fall beraten, und wir kamen zu dem Schlusse, daß
man 0,1 Proz. Perchlorat billigerweise als Maximum von den
Salpeterfabrikanten verlangen könnte, während eine so kleine
Menge in einem wohl erzeugten Pulver so fein verteilt ist,
daß keine Gefahr zu befürchten wäre, wenn das übliche Vorgehen beim Laden eines Bohrloches beobachtet würde. Alles
dieses wurde jedoch schließlich überflüssig als Dr. Dupré in
diesem Lande[14]) und die Professoren Lenze und Bergmann

in Deutschland [15]) endgültig nachwiesen, daß selbst bei außerordentlich rauher Behandlung perchlorathaltiges Pulver nicht gefährlicher ist als eines ohne diese Verunreinigung. Dr. Dupré fand zu gleicher Zeit, daß, wenn man Salpeter auf eine Temperatur von 545° C erhitzt, alles Perchlorat in Chlorat verwandelt wird und sonach im äußersten Falle entfernt werden kann.

Kelbetz hat gezeigt [16]), daß Perchlorat im Salpeter nicht gleichmäßig verteilt ist, sondern Neigung zum Zusammenballen hat. Es ist nicht zweifelhaft, daß Perchlorat mehr explosiv ist als das Pulver selbst, und es schien mir deshalb, daß dies die Ursache sein möge, warum man gewisse englische Jagdpulver den fremden vorzieht, von welchen man sagt, daß sie weniger regelmäßig schießen. Diese englischen Pulver sind mit indischem Salpeter gemacht, welcher kein Perchlorat enthält, die fremden Pulver aber mit Kaliumnitrat, welches durch Konversion aus den Staßfurter Kalisalzen erzeugt wird und immer Perchlorat enthält. Es ist zweifellos, daß eine heftige lokale Wirkung Veranlassung sein wird, daß ein Pulver ein einigermaßen erratisches Benehmen zeigt. Auf dem Kongresse für angewandte Chemie, welcher in Berlin im Jahre 1903 abgehalten wurde, hat Herr Professor Bergmann sich bemüht, meine Ansicht zu widerlegen, aber zwei einfache Tatsachen konnten nicht behoben werden, nämlich, daß selbst deutsche Jäger gewisse englische Jagdpulver besser gefunden haben, und daß, wenn man Konversionssalpeter verwendet, dies selbst bei sorgfältigster und genauester Beobachtung der üblichen Fabrikationsvorschriften nicht geändert werden könnte.

In bezug auf Maschinen für die Erzeugung von Schwarzpulver und ähnlichen Mischungen hat es natürlich wenig Verbesserungen gegeben. Mengen, Körnen und Polieren werden noch immer in der alten Weise ausgeführt, und die bezüglichen Maschinen leisten für den Zweck, welchen sie zu erfüllen haben, alles, was man wünschen kann. Früher hat man viel Ebonit in Maschinen für Schwarzpulver verwendet, wie z. B. für Platten in Kuchenpressen, zum Auskleiden der Auslaufsgossen in Schneidemaschinen u. dgl. In Kuchenpressen befinden sich abwechselnd Schichten von schwefelhaltigem Pulver und von hoch isolierendem Ebonit, welche einige Zeit unter Druck beisammen bleiben. Es ist eine Regel in Explosivstoff-Fabriken, daß beim Herannahen eines Gewitters die Arbeiter ihre Hütten verlassen, und es wird häufig bequem gefunden, die Beschickung unter Druck zu lassen. Das würde praktisch eine elektrische Batterie bilden und in der Tat haben verschiedene Explosionen stattgefunden, als die Arbeiter nach einem Gewitter die Pressen öffneten. In einem Falle zum mindesten konnte die Tatsache, daß ein langer Funke aus der Ladung heraussprang, von dem Arbeiter vor seinem Tode erfahren werden. Infolge eines von mir vor 20 Jahren gemachten Vorschlages haben eine Anzahl von Fabriken mit Erfolg Platten aus Fibre an Stelle dieser Ebonitplatten eingeführt. Fibre ist ein Material, welches aus Papierstoff mit Zugabe eines mineralischen Stoffes und eines Bindemittels hergestellt wird. Es hat den Vorteil, nicht wie Ebonit elektrisch geladen zu werden, nicht leicht sich zu werfen, und wenn es sich geworfen hat, durch Eintauchen in warmes Wasser wieder gerade zu werden, durch welche Behandlung zugleich das Material erweicht, wenn es hart geworden sein sollte.

In manchen Fabriken wird Schwarzpulver noch in den alten, in Federn hängenden Rahmen gesiebt, dies geschieht jetzt aber viel häufiger in Sichtezylindern. In beiden Fällen wird ziemlich viel Staub verursacht, welcher die Qualität des Pulvers durch Verschließen der Poren beeinträchtigt, während er gleichzeitig als Abfall entfernt werden muß. Eine der eingeführten Verbesserungen ist der Gebrauch eines Plansichters, der auch für rauchloses Pulver Verwendung findet; er gibt eine geringe Bewegung von hoher Frequenz und dadurch werden die Körner nicht einer heftigen Reibung oder Stoß ausgesetzt.

Chloratmischungen haben zu allen Zeiten Erfinder angezogen wegen der großen Menge Sauerstoff, welche im Kaliumchlorat aufgespeichert ist und so leicht abgegeben werden kann. Als Lavoisier und Berthollet im Jahre 1788 ein Chloratpulver in einer Stampfmühle herstellen wollten, da machten sie dies zum Anlaß einer großen Schaustellung, und sogar zwei Damen waren gegenwärtig. Unglückseligerweise explodierte das Pulver nach einiger Dauer des Stampfens, wodurch ein Beamter und die Tochter des die Versuche kontrollierenden Regierungskommissars getötet wurden.

Wir haben uns hierzulande lange Zeit hindurch gegen die Konzession von Explosivstoffen mit Kaliumchlorat gewehrt, weil dieselben durch Schlag oder Reibung so leicht zur Explosion gebracht werden können. Eine beliebte und höchst praktische Methode des verstorbenen chemischen Ratgebers des Ministeriums des Innern, Dr. Dupré, war, daß er dem auf den hölzernen Fußboden gelegten Explosivstoffe mit einem Besenstiel einen gleitenden Schlag gab; — Chloratsprengstoffe konnten diese Probe kaum jemals bestehen. Es war auch wenig Versuchung vorhanden, diese Explosivstoffe im großen herzustellen, weil Kaliumchlorat teuer war und deshalb die damit erzeugten Pulver kaum mit anderen gleich oder mehr starken Explosivstoffen hätten konkurrieren können. Mit dem Auftauchen elektrolytischer Methoden für die Erzeugung von Chlorat, Kaliumchlorat und dergl., wurden Chloratsprengstoffe für den Handel erreichbar, und tatsächlich gestattet der gegenwärtige Preis von elektrolytischem Kaliumchlorat unter gewissen Bedingungen die ökonomische Erzeugung geeigneter Sprengstoffe. Infolgedessen wurden größere Anstrengungen gemacht, um Chloratsprengstoffe stabiler zu machen, damit sie die Probe des Ministeriums des Inneren bestehen könnten. Schließlich erreichte man dies durch die Zugabe von Öl. Die Funktion desselben ist augenscheinlich die, das Kaliumchlorat so zu umhüllen, daß, mit Kohlenteilen gemischt, es weniger empfindlich ist. Die Zugabe von fettigen Substanzen zu Chloratsprengstoffen ist durchaus keine neue Idee. Schon im Jahre 1867 hat F. Hahn Spermazeti zu chlorsaures Kali enthaltendem Pulver gegeben[17]). Im Jahre 1880 verwendete Tschirner Teer[18]), und im Jahre 1882 patentierte Professor Himly die Verwendung einer Lösung von Kohlenwasserstoff[19]), welche Idee von Lyte und Lewall[20]) wieder aufgenommen wurde. Fränckel im Jahre 1888 verwendete Naphthalin und Paraffin[21]), Brank im Jahre 1891 nahm Leinöl[22]), und viele andere, Kohlenwasserstoffe und teerige Substanzen enthaltende Explosivstoffe könnten erwähnt werden, welche die Vorläufer der heutigen Chloratsprengstoffe waren. Ein praktischer Explosivstoff wurde schließlich im Cheddit gefunden, welches von Street patentiert wurde[23]) und so genannt ist, weil man es zuerst in Chedd in der Schweiz herstellte. Die zumeist gebrauchte Gattung ist im Auslande unter dem Namen Cheddit 60bis bekannt und besteht aus 80 Teilen Kaliumchlorat, 13 Teilen

Mononitronaphthalin, 2 Teilen Dinitrotoluol und 5 Teilen Rizinusöl, während hierzulande die Verhältniszahlen von Mononitronaphthalin und Dinitrotoluol umgekehrt sind.

Es ist interessant zu sehen, wie die alten Mischungen immer wieder mit geringen Änderungen vorgeschlagen werden, um ein Patent anmelden zu können. Kaliumchlorat mit einem Kohlenbestandteil, wie Holzkohle, Zucker, Stärke, Glyzerin, Mehl und manchmal ein pflanzliches oder mineralisches Öl u. dgl., kommen immer wieder vor. Ein Patent[24]) hat besonderes historisches Interesse, weil es die Verwendung von „Maltha“ als Bestandteil vorschlägt. Die Patentsucher kamen aus Kalifornien, einem Lande, wo englisch gesprochen wird und deshalb sollte man annehmen können, daß dieser Name in England gebräuchlich sei, doch scheint dies nicht der Fall zu sein, Ich erinnerte mich jedoch an eine Stelle in Rogers Bacons „Opus Majus“, welche wie folgt lautet:

„Nam Malta quae est genus bituminis et est in magna copia in hoc mundo, proiecta super hominem armatum comburit eum“ (also wird auch Maltha, welches eine Art Asphalt ist, und in großen Mengen in dieser Welt vorkommt, wenn es auf einen gepanzerten Mann geworfen wird, ihn zu Tode verbrennen). Es scheint sonach, daß das berühmte erste Einwandererschiff, die „Mayflower“, einige altmodische Ausdrücke mit sich nahm und in der neuen Welt zur Annahme brachte.

Die neueste Überraschung ist die, daß im Jahre 1908 ein Chloratsprengstoff in Großbritannien als Sicherheitssprengstoff unter dem Namen Colliery Steelite konzessioniert wurde. Er besteht aus 74 Teilen Kaliumchlorat, 25 Teilen oxydiertem Harz und 1 Teil Rizinusöl.

Die elektrolytische Chlorindustrie hat auch die Erzeugung reinen Perchlorates und besonders von Ammoniumperchlorat möglich gemacht. Dieses hat viele Vorteile, obzwar man dagegen eingewendet hat, daß Explosivstoffe, welche diese Bestandteile enthalten, bei der Explosion in der Grube Salzsäuregase freimachen. Bisher sind bloß Yonckit, ein belgischer Explosivstoff, welcher außer Perchlorat noch Kaliumnitrat und Mononitronaphthalin enthält, sowie ein von dem Karbonit-Syndikat in Schlebusch unter dem Namen „Permonit“ hergestellter Sicherheitssprengstoff in Gebrauch gekommen.

Eine andere Klasse von Explosivstoffen, welche von Zeit zu Zeit für gewöhnliche Sprengzwecke verwendet wurde, und von welcher man wenig in diesem Lande hörte, sind die Sprengelschen Explosivstoffe. Sie haben alle von „Rackarock" gehört, welches bei der Sprengung der Felsen des Hellgate bei New York verwendet wurde; bis vor etwa 10 Jahren wurde es kaum anderswo als in Amerika gebraucht, beim Bau der ersten chinesischen Eisenbahn aber gelang es den Amerikanern, dasselbe einzuführen.[25]) Es scheint so einfach, gepulvertes Kaliumchlorat in Patronen oder Leinensäcke zu füllen und dann Nitrobenzol darauf zu gießen. Dies wäre aber tatsächlich gleichbedeutend mit der Erzeugung eines Explosivstoffes in der Grube oder nahebei, unter Bedingungen, welche nicht leicht zu regeln wären, und deshalb konnten solche Sprengstoffe in den meisten Ländern nicht konzessioniert werden. In China und Sibirien hat man keine solche Einwendungen gemacht, es ist deshalb nicht überraschend, daß russische Erfinder eine Anzahl von Explosivstoffen patentierten, welche sämtlich Sprengels Original-Sprengstoffen sehr ähnlich sind. Einer von diesen ist jetzt in Italien konzessioniert.

Winand[26]) hat einen neuartigen Bestandteil eingeführt, indem er Tetranitromethan mit Petroleum oder einem anderen kohlenstoffhaltigen Materiale mischt.

Tetranitromethan (CN_4O_8) kristallisiert unterhalb 13^0 C. in weißen Nadeln und siedet bei 126^0 C. Es ist nicht sauer, mischt sich nicht mit Wasser und könnte deshalb als Bestandteil anderer Explosivstoffe wohl verwendet werden.

Manche der Sprengelschen Explosivstoffe sind sehr kräftig und nicht ohne Vorteile, es ist aber immer einigermaßen schwierig, dieselben mit Sicherheit und Reinlichkeit zu handhaben.

Eine neue Bahn wurde im Jahre 1899 eröffnet, als Dr. Richard Escales aus München den ersten Aluminiumsprengstoff erfand. Es wurde schon öfters vorgeschlagen, Mangandioxyd als Bestandteil schwarzpulverartiger Mischungen zum Zwecke der Erhöhung der verfügbaren Menge von Sauerstoff zu verwenden, doch ist es leicht verständlich, daß dieser Vorschlag keinen Erfolg hatte. Im Jahre 1888 patentierte Chapman[27]) den Gebrauch von Magnesium in Knallsätzen, im Jahre 1898

schlug Weiffenbach aus München die Beimischung von Aluminium zu Feuerwerken vor[28]), und zu Beginn des Jahres 1899
verdampften Friese-Green und Knell Magnesium in einer
Kanone[29]), indem sie einen elektrischen Strom durch die Ladung
schickten. Dies waren die einzigen früheren Versuche, leichte
Metalle in Explosivstoffen zu verwenden, bis Escales zeigte,
daß die Zugabe von Aluminium oder Magnesium die Explosionstemperatur und damit die Explosivkraft bedeutend erhöhte.
Sein Explosivstoff wurde unter dem Namen Wenghöffer patentiert[30]) und wird, wie ich glaube, zusammen mit einem ähnlichen von Ritter von Dahmen im Jahre 1900 unabhängig
erfundenen und seitdem unter dem Namen „Ammonal" bekannten Explosivstoffe erzeugt.[31])

Seit dieser Zeit hat man Aluminium als Bestandteil beinahe jeder Art von Explosivstoffen genommen. Theoretisch
wäre es von sehr großem Werte, in der Praxis haben aber
der hohe Preis des Aluminiumpulvers und die Möglichkeit einer
Oxydation es einigermaßen behindert. Es wird jedoch in
Österreich-Ungarn zum Füllen von Granaten benutzt, zu welchem Zwecke es wohl geeignet ist und während zehnjähriger
Lagerung keinen Anlaß zur Klage gegeben hat. Ich höre aber,
daß diese Granaten manchmal zu viel Versager geben. Das
Ammonal steht auch auf der besonderen Liste des britischen
Ministeriums des Inneren als ein Schlagwettersprengstoff.
Andere Metalle dürften eine ähnliche oder selbst bessere Wirkung haben als Aluminium. So haben schon im Jahre 1900
Desiderius Korda aus Paris und der Verfasser die Möglichkeit der Verwendung von Ferro-Silizium ins Auge gefaßt,
welches jetzt bis zu 100 $^0/_0$ Reinheit hergestellt wird. Seine
große Härte, die Schwierigkeit, es in ein feines Pulver zu verwandeln, die Möglichkeit einer Gefahr durch die Gegenwart
einer harten, scharfkantigen Substanz, wenn sie auch noch so
fein verteilt ist, hat zu weiteren Versuchen nicht ermutigt.
Nichtsdestoweniger war dies der Gegenstand von Patenten
durch andere in den Jahren 1904, 1905 und 1907, wie ich
aber glaube, bisher ohne Erfolg. Außer den oben erwähnten
Metallen wurde die Verwendung von Eisen, Silizium, Silizium-
karbid, Zink und dessen Legierungen, Kupfer und auch der
seltenen Metalle patentiert.

In seinem Patente aus dem Jahre 1871[32] über die seinen Namen tragenden Explosivstoffe sagte Professor Hermann Sprengel scheinbar ohne Bezugnahme auf den Rest des Patentes:

„Ich verwende auch Pikrinsäure.“

In seiner berühmten Vorlesung aber, welche er im Jahre 1873 vor der Chemical Society in London hielt, sagte er ausdrücklich:

„Es sei hier bemerkt, daß Pikrinsäure allein eine genügende Menge von verfügbarem Sauerstoff enthält, um sie ohne die Hilfe von fremden Oxydationsmitteln zu einem mächtigen Explosivstoffe zu gestalten, wenn sie durch ein Zündhütchen abgefeuert wird; ihre Explosion ist beinahe gar nicht von Rauch begleitet.“

Tatsächlich hat Sprengel einige Schüsse mit Pikrinsäure im Jahre 1871 in der Fabrik der Herren John Hall & Sons in Faversham abgefeuert, wurde aber von der Heeresleitung zur Fortsetzung seiner Versuche nicht ermutigt.

Seitdem hörte man nichts weiter über Pikrinsäure bis zum Jahre 1886, wo, wie früher erwähnt, Eugen Turpin aus Paris zeigte, wie man sie zur Verwendung in Granaten pressen und schmelzen könne. Das französische Heer verwendete unter dem Namen Melinit die Pikrinsäure mit Kollodium gemischt, um ihr größere Dichte zu geben. Später wurde sie gepreßt, aber gewöhnliche Zündhütchen konnten sie nicht mit Sicherheit zur Explosion bringen und der von Alberts und dem Verfasser gewählte Ausweg, eine Zündpatrone von trockener Schießbaumwolle zu verwenden, war zu unbequem. Die Pikrinsäure mußte deshalb geschmolzen werden, in welchem Zustande sie durch Zündhütchen leichter zur Explosion gebracht werden kann, und eine Dichte von ungefähr 1,65 hat. Pikrinsäure schmilzt bei 122,5° C und muß deshalb entweder in einem Ölbade oder durch hochgespannten Dampf oder in einem besonderen Ofen erhitzt werden. Das Schmelzen bei einer so hohen Temperatur ist sehr unbequem und nicht ohne Gefahr, deshalb hat man von der wohlbekannten Erscheinung Gebrauch gemacht, daß eine Mischung von zwei Substanzen von hohem Schmelzpunkte fast immer einen niedrigeren Schmelzpunkt hat als jeder der beiden Bestandteile. Girard[33]) hat eine lange Liste der Schmelzpunkte von Explosivmischungen dieser Art gegeben, welche, da sie von einem so hervorragenden Chemiker kommt, verdient, vor Augen gehalten zu werden. Einige charakteristische Mischungen sind die folgenden:

Mischung in molekularem Verhält-nisse. Schmelzpunkt: Grad C.		Schmelzpunkt der Mischung: Grad C.
Trinitrophenol	122	
Nitronaphtalin	61	49
Trinitrophenol	122	
Dinitrotoluol	71	47
Trinitrophenol	122	
Trinitrokresol	107	70
2 Trinitrophenol	122	
1 Trinitrokresol	107	78
2 Trinitrokresol	107	
1 Trinitrophenol	122	80

Beinahe in jedem Lande wurde Pikrinsäure unter verschiedenem Namen als Sprengmittel eingeführt und die Verschiedenheit der Zusammensetzung bestand hauptsächlich in der Zugabe eines den Schmelzpunkt herabsetzenden Bestandteiles. Solche Zugaben sind Nitronaphthalin, Kampfer, Dinitrotoluol usw., und die Namen sind: Melinit, Lyddit, Pertit, Shimosepulver, Pikrinit, Ekrasit usw. Außer dem hohen Schmelzpunkte hat die Pikrinsäure noch andere Unbequemlichkeiten. Wenn sie mit Metallen oder Oxyden in Berührung gelassen wird, so bildet sie sehr gefährliche Pikrate, daher die Notwendigkeit, die Granaten von innen zu firnissen, die Zünder besonders zu schützen und überhaupt die äußersten Vorsichtsmaßregeln zu ergreifen, um zu verhindern, daß Fremdkörper Zutritt haben, während die Säure im geschmolzenen Zustande ist. Pikrinsäure hat einen intensiv bitteren Geschmack (welcher in dem tintenschwarzen Rauche brennender Pikrinsäure noch mehr hervortritt), und deshalb ist es nicht sehr angenehm, dieselbe zu handhaben. Sie erteilt auch der Haut eine ziemlich echte gelbe Färbung, und dies hat in manchen Gegenden den Pikrinsäurearbeitern den Spottnamen „Kanarienvögel" eingetragen. (Ich habe in einer Fabrik gefunden, daß gewöhnliches Kochsalz zum Entfernen der gelben Färbung angewendet wurde, es ist aber nicht klar, warum es nützt.) Es ist zu bedenken, daß Pikrinsäure, wenn sie mit anderen Stoffen vermengt ist, imstande ist, andere Säuren zu verdrängen, z. B. macht sie Salpetersäure aus Nitraten frei, und obzwar Pikrinsäure zur Erhöhung der Kraft gewisser Explosivstoffe dienen sollte, würde sie tatsächlich dieselben zersetzen.

Um diese Nachteile zu vermeiden, hat Hauff die Verwendung von Trinitroresorzin[34], und die chemische Fabrik in Griesheim die von Trinitrobenzol[35]) und von Trinitrobenzoësäure[36]) vorgeschlagen. Diese Stoffe fanden keinen Anklang, aber Trinitrotoluol ist innerhalb der letzten Jahre stark in den Vordergrund getreten und besitzt auch viele gute Eigenschaften. Sein Schmelzpunkt wechselt zwischen 72 und 82° C. Es kann mit beinahe vollkommener Sicherheit gehandhabt werden; wenn es rein ist, entwickelt es beim Schmelzen keine schädlichen Dämpfe; es ist ganz stabil, verbindet sich nicht mit Metallen und hat im allgemeinen keine sauren Eigenschaften. Gleich wie Pikrinsäure ist es in kaltem Wasser nur wenig löslich. Es ist etwas weniger kräftig als Pikrinsäure, was eher ein Vorteil ist, da die letztere häufig die Granaten zu Pulver schlägt, anstatt sie in eine Anzahl von Teilchen zu zersplittern, welche genügend groß sind, um zerstörende Wirkungen auszuüben. Trinitrotoluol ist leicht zu detonieren; ich war selbst imstande, es in der Form von Pulver mit einem Zündhütchen Nr. 3 (0,540 g Knallsatz) zur Explosion zu bringen.

Trinitrotoluol wurde beim französischen Heere unter dem Namen Tolite eingeführt, die spanische Regierung nennt es Trilit, die Karbonitwerke von Schlebusch führen es in anderen Staaten unter dem Namen Trotyl ein und die Herren A. und W. Allendorf in Schönebeck unter dem Namen Trinol, während andere Fabriken die Bezeichnung Trinitrotoluol beibehalten.

Nach Beilstein gibt es drei Isomeren von Trinitrotoluol, von denen die Modifikation 1-2-4-6 ($C_6H_2CH_3[NO_2]_3$) in großen Mengen auftritt und diejenige ist, welche verwendet wird. Ihr Schmelzpunkt in sehr reinem Zustande ist 81—82° C, und dies wird für militärische Zwecke verlangt, aber als Bestandteil in

Sprengstoffen, für welche es viel Anklang gefunden hat, ist ein geringerer Schmelzpunkt (77—79°) genügend. Der Erstarrungspunkt sehr reinen Trinitrotoluols ist $78\,{}^{3}/_{4}{}^{0}$ C. Die Modifikationen 1-3-4-6 (β) und 1-2-3-6 (γ) mit Schmelzpunkten von 112°, bzw. 104° werden nicht verwendet, und man hat besondere Mittel anzuwenden, um sie zu entfernen. Andererseits wird behauptet, daß eine Fabrik ein 1-2-3-5 Isomer (welches nicht im Beilstein erwähnt ist) absichtlich in dem fertigen Trinitrotoluol läßt, und es wird dafür der Vorteil in Anspruch genommen, daß hierdurch die geschmolzene Masse viel allmählicher fest wird und infolge der herabgesetzten Neigung zur Porenbildung eine höhere Dichte erreicht wird. Diesen Vorteil kann man auch in anderer Weise erzielen, und er kann dadurch aufgehoben werden, daß die Schmelz- und Erstarrungspunkte herabgesetzt werden.

Die Erzeugung von Trinitrotoluol wird wie die der meisten aromatischen Nitrokörper stufenweise ausgeführt, und man hat große Sorgfalt auf die Reinigung des Toluols zu verwenden, nachdem das gewöhnlich im Handel befindliche Benzol und andere Stoffe enthält. Die Nitrierung erfolgt in emaillierten eisernen oder in Steinzeug Gefäßen und die Reinigung der höheren Nitrate, welche während der Nitrierung zusammenbacken, muß mit einiger Vorsicht ausgeführt werden.

Das Waschen erfolgt gewöhnlich in Zentrifugen. Um die beste Qualität zu erhalten, welche zwischen 80—81° schmilzt, wird das aus gereinigtem Toluol erzeugte Trinitrotoluol, welches einen Schmelzpunkt von 70—78° hat, aus Alkohol im Vakuum umkristallisiert. Die hierfür erforderlichen Apparate sind nicht sehr kompliziert, werden aber stets besonders konstruiert.

Hierzulande ist Alkohol ziemlich teuer und trotz der für die Steuerfreiheit gebotenen Erleichterungen unbequem zu verwenden; deshalb benutzt man Petroleumbenzin zum Umkristallisieren des Trinitrotoluols. Es wird aber behauptet, daß hierdurch das Produkt eine etwas dunklere Färbung annimmt, welche in manchen Ländern nicht beliebt ist.

Nach Untersuchungen, welche Dr. Dupré und andere angestellt haben, ist es bekannt, daß die Erzeugung von Nitrokörpern aus Benzol bis zu einem gewissen Grade unbequem und selbst gesundheitschädlich ist, außer man beobachtet die vom Ministerium des Inneren angegebenen Vorsichtsmaßregeln. Die Erzeugung von Nitrokörpern aus Toluol soll unter gleichen Vorsichtsmaßregeln erfolgen, da Toluol und Benzol in bezug auf ihre Eigenschaften einander verwandt sind. Wie bei allen Nitrokörpern kann eine Zersetzung und selbst Feuer während der Nitrierung entstehen, wenn man die Reaktion zu lebhaft werden läßt. Der Staub von Trinitrotoluol ist nicht bitter wie der der Pikrinsäure.

Nachdem die Dichte des Trinitrotoluols im losen Zustande 1,500 und im geschmolzenen Zustande 1,600 ist, so hat man nach Mitteln gesucht, sie zu erhöhen.

Rudeloff[37]) erzielt eine Dichte von 1,85 bis 1,90, indem er aus Trinitrotoluol und Kaliumchlorat mit Hilfe einer aus Dinitrotoluol und löslicher Nitrozellulose hergestellten Gelatine einen plastischen Körper erzeugt. Bichel macht mit Hilfe von Collodiumwolle, flüssigem Dinitrotoluol und Lärchen-Terpentin eine plastische Masse, welche er dann Plastrotyl nennt.[38]) Die Firma Allendorf mischt das Trinitrotoluol mit Bleinitrat oder Chlorat mit einer Gelatine aus Dinitrotoluol und Nitrozellulose und nennt dies Triplastit. Dies ist eine Verbesserung gegenüber der Art wie die französische Regierung Melinit mittels Kollodium machte oder wie Wolff & Co. geschnittene Schießwollkörper mit Paraffin in Granaten einfüllten. Bichel schmilzt auch das Trinitrotoluol und nachdem er zuerst alle eingeschlossene Luft absaugt, preßt er es, indem er Preßluft oben einführt.[39]) Er hat in dieser Weise Dichten bis zu 1,69 erzielt. Rudeloff preßt es in hydraulischen Pressen unter einem Drucke von 200 bis 300 Atmosphären, wodurch der Sprengstoff eine Dichte von 1,7 erreicht und wie Schießbaumwolle geschnitten und bearbeitet werden kann. Um die Detonation zu erleichtern, verwendet man etwas loses Trinitrotoluol als Initialzündung. Trinitrotoluol wird auch in Zündhütchen verwendet, wovon später mehr erwähnt werden wird.

Ein anderer neuer Explosivstoff zum Füllen von Granaten wird in Spanien unter dem Namen Tetralit verwendet.[40]) Derselbe soll aus Tetranitromethylamin hergestellt und empfindlicher als Trinitrotoluol sein, aber sonst ist wenig darüber bekannt.

Der Gebrauch von Pikrinsäure als Granatenfüllung hat

einen besonderen Zündsatz notwendig gemacht, nachdem Pikrinsäure mit gewöhnlichen Zündhütchen nicht mit Sicherheit detoniert werden kann. Bei uns verwendet man Pikratpulver als Zünder, welches aus Ammonpikrat und Kalisalpeter hergestellt wird; dies ist natürlich nichts anderes, als Brugères Pulver aus dem 19. Jahrhundert.[41])

Während der letzten drei oder vier Jahre enthielten die Zeitungen Berichte über Versuche mit einem neuen Explosivstoffe, welcher zuerst Vigorit und jetzt Bavarit genannt wird. Er ist von den Herren Professor Schulz und Gehre erfunden, soll nur ein Drittel so viel kosten wie andere Explosivstoffe und ungeheuer viel kräftiger sein. Wenn man das Patent[42]) prüft, so findet man, daß der Explosivstoff nitrierte Solvent-Naphtha ist, eine etwas unbestimmte Mischung verschiedener Körper, welche beim Nitrieren eine Mischung von Nitromesitylen, Nitrokumol und anderer Stoffe ergibt. Die Erfinder haben in einem späteren Patente[43]) Mittel angegeben, um die Solvent-Naphtha zu reinigen, und offenbar ist es der hieraus erzeugte neue Nitrokörper, welcher jetzt in Deutschland versucht wird. Ich glaube, die Erfinder müssen in große Verlegenheit kommen, wenn sie so unwahrscheinliche Berichte über Erzeugungskosten und so übertriebene Wirkungen der Explosion in Zeitungen veröffentlicht finden.

---

[1]) Thomas Delaval, Britisches Patent Nr. 846 von 1766.

[2]) Minutes of proceedings of the Institution of Civil Engineers, 1901. Vol. CXLIII Part. I.

[3]) Report of H. M. Inspectors of Explosives for 1907.

[4]) Private Mitteilung.

[5]) Recueil de planches sur les sciences, les arts liberaux et les arts mécaniques avec leur explication. Paris 1768.

[6]) Dinglers polytechnisches Journal 1866, S. 248 und folgende.

[7]) F. Heise, Sprengstoffe und Zündung der Sprengschüsse, Berlin 1904, S. 46.

[8]) Bottée et Riffault. Traité de l'art de fabriquer la poudre à Canon, Paris 1811.

[9]) Gaens, Britisches Patent Nr. 14412 von 1885.

[10]) Mitteilungen des technologischen Gewerbemuseums, Wien 1900, S. 204.

[11]) Report of the Departmental Committee on Bobbinite, London 1907.

[12]) Chemiker-Zeitung 1894, S. 485.

[13]) Chemiker-Zeitung 1894, S. 1567.

[14]) Journal of the Society of Chemical Industry 1902, S. 825.

[15]) „Über Perchlorat im Schwarzpulver und über Gefahren bei der Fabrikation und Verwendung perchlorathaltiger Schwarzpulver." Vortrag gehalten vor dem V. Internationalen Kongreß für angewandte Chemie 1903.

[16]) Chemiker Zeitung 1897, S. 587,

[17]) Britisches Patent Nr. 960 von 1867.

[18]) D.R.P. Nr. 15508 von 1880.

[19]) D.R.P. Nr. 19432 von 1882.

[20]) Britisches Patent Nr. 14379 von 1884.

[21]) Britisches Patent Nr. 13789 von 1888.

[22]) Britisches Patent Nr. 5027 von 1891.

[23]) Britisches Patent Nr. 9970 von 1897,

[24]) Quinby, Sharps & Greger, Britisches Patent Nr. 4781 von 1902.

[25]) Károly Gubányi, Das Rackarock Sprengpulver, Magyar mérnök és épitész egylet közlönye 1901, S. 165.

[26]) Britisches Patent Nr. 26261 von 1907.

[27]) Britisches Patent Nr. 16997 von 1888.

[28]) Britisches Patent Nr. 7579 von 1898.

[29]) Britisches Patent Nr. 11345 von 1899.

[30]) Britisches Patent Nr. 24377 von 1899.

[31]) Britisches Patent Nr. 16277 von 1900.

[32]) Britisches Patent Nr. 2642 von 1871.

[33]) Britisches Patent Nr. 6045 von 1905.

[34]) D.R.P. Nr. 76511 von 1894.

[35]) D.R.P. Nr. 79477 von 1893.

[36]) D.R.P. Nr. 79314 von 1893.

[37]) Zeitschrift für das gesamte Schieß- und Sprengstoffwesen 1907, S. 4.

[38]) D.R.P. Nr. 193213 von 1906.

[39]) D.R.P. Nr. 185957 und 58 von 1906.

[40]) Zeitschrift für das gesamte Schieß- und Sprengstoffwesen 1908, S. 308.

[41]) Comptes rendus, Vol. 69, S. 716.

[42]) Britisches Patent Nr. 5687 von 1905.

[43]) Britisches Patent Nr. 19565 von 1907.

II.

Ich habe in meiner ersten Vorlesung erwähnt, daß So-
brero das Nitroglyzerin im Jahre 1847 erfunden hatte. Es
ist bekannt, daß, obzwar er den Wert dieser Erfindung für
Zivil- und militärische Sprengzwecke erkannte, doch bis zum
Jahre 1867 kein Gebrauch davon gemacht wurde, zu welcher
Zeit Alfred Nobel das Dynamit erfunden hatte und weder
durch Unglücksfälle noch durch Vorurteile sich davon ab-
schrecken ließ, es in den Dienst der Menschheit einzuführen.
Sie wissen, daß vor dieser Zeit Mowbray in Massachusetts
Nitroglyzerin erzeugte und es in gefrorenem Zustande in die
Gruben transportierte.

Nobel ersann ein Verfahren für die Erzeugung von Nitro-
glyzerin im großen und die dafür erforderlichen Maschinen
wurden nach seinen Ideen von seinem lebenslangen Mitarbeiter,
Herrn Alarik Liedbeck aus Stockholm, konstruiert. Nachdem eine volle Beschreibung aller der im Gebrauch befindlichen
Apparate in meinem im Jahre 1895 erschienenen Buche „Die
Industrie der Explosivstoffe" enthalten ist, kann ich mich
darauf beschränken, mich mit den seit dieser Zeit gemachten
Fortschritten zu befassen. Sie finden in diesem Buche zwei
Arten von Apparaten für die Nitrierung von Glyzerin beschrieben; solche, welche einen spiralförmigen Rührer zum
Mischen haben, und solche, welche mit Preßluftrührung versehen sind. Gelegentlich werden mechanische und Preßluftrührung zusammen verwendet. Man hat nach und nach gelernt, das Nitrierverfahren wirksamer zu kontrollieren und dies
hat Vertrauen eingeflößt, den Apparat zu vergrößern. Ich
glaube, daß der größte aus Blei hergestellte Apparat 680 kg
Glyzerin auf einmal nitriert, während in Amerika und Südafrika hauptsächlich Stahlapparate mit mechanischem Rühr-

werk verwendet werden, von welchen manche 1000 kg auf
einmal nitrieren. In einer Fabrik in den Vereinigten Staaten
war man so weit gegangen, vier solcher Stahl-Nitrierapparate
jeden für eine Beschickung von 1000 Pfund Glyzerin in
einem Raume beisammen zu haben, und von einer Haupt-
welle anzutreiben, aber die gegenwärtige Übung ist, daß sich
zwei solcher Nitrierapparate in einem Gebäude befinden. Hierzulande würde man nicht mehr als einen Nitrierapparat auf
einmal zu benutzen gestatten. Natürlich ist jeder Nitrierapparat mit einer Anzahl von Blei- oder Stahlschlangen versehen, durch welche kaltes Wasser kreist, und es wird nun
häufig eine Kühlanlage vorgesehen, um nur Wasser von 10^0 C.
und weniger durch die Schlangen gehen zu lassen.

Vor 20 Jahren hatte die Wiedergewinnung von Glyzerin
aus den Seifenunterlaugen eben begonnen. Das Glyzerin war
meist sogenanntes raffiniertes, ein ziemlich reines Material,
dunkel gefärbt durch leicht in den Destillierblasen angebrannte
Zellensubstanz. Heutzutage ist so gut wie alles Glyzerin sogenanntes destilliertes, nämlich solches, welches durch Neu-
tralisation der Seifenunterlaugen und Abdestillieren des darin
enthaltenen Glyzerins wiedergewonnen wird. Es ist beinahe
chemisch rein und ein Stoff von verläßlicher Gleichförmigkeit.

Mit Bezug auf die Zusammensetzung des Nitriergemisches
war es in wohlgeleiteten Fabriken während ungefähr der letzten
20 Jahre üblich, 110 kg Glyzerin in einer Mischung von
300 kg Salpetersäure von 93—94 Proz. Monohydrat und 500 kg
Schwefelsäure von 96 Proz. Monohydrat (und nicht wie Sir Frederic Nathan und Herr W. Rintoul erwähnten 100 Teile
Glyzerin und Salpetersäure von nur 91 Proz.[1]) zu nitrieren. Dies
entspricht ungefähr 255 Teilen Salpetersäure-Monohydrat und
436,4 Teilen Schwefelsäure-Monohydrat, oder im ganzen 691,4
Teilen Säure Monohydrat mit 35,8 Teilen Wasser (4,9 Proz.) auf
je 100 Teile Glyzerin.

Vor etwa 16 Jahren haben die Herren Chapman, Messel
& Co. in London und die Badische Anilin- und Sodafabrik in
Ludwigshafen versucht, Schwefelsäure-Anhydrid für die Herstellung von Explosivstoffen einzuführen. Um diese Zeit war
der Preis von Anhydrid noch so hoch, daß es ausgeschlossen
war, es zum Verstärken der Abfallschwefelsäure von etwa 1,600

spez. Gewichte zu verwenden, welche beim Denitrieren der Abfallsäure erhalten wird, und es wurde auch als unpraktisch angesehen, dasselbe zu der Abfallsäure selbst hinzuzufügen. Vor etwa acht Jahren jedoch wurden in Frankreich und anderwärts Mischungen von hochgradigen Salpeter- und Schwefelsäuren, welche man durch Vermischen mit Schwefelsäure-Anhydrid erhielt, zum Nitrieren von Glyzerin verwendet, und sobald die Verfahren für die Erzeugung von Schwefelsäure-Anhydrid nicht mehr geheim gehalten, sondern durch die endlich angemeldeten Patente bekannt wurden, errichteten eine Anzahl von Explosivstoff-Fabriken solche Werke. Es ist jetzt ganz gebräuchlich, Schwefelsäure, welche 20 Proz. Oleum enthält, zur ursprünglichen Mischung hinzuzufügen, aber es wird noch immer für unpraktisch gehalten, dieselben zur Abfallsäure hinzuzufügen. Aus dem Vortrage von Sir Frederic Nathan und Herrn Rintoul „Nitroglyzerin und seine Erzeugung“ ist zu sehen, daß die Verwendung von Anhydrid die erforderliche Menge von Schwefelsäure herabzusetzen gestattete. Schon vor fünf Jahren fand ich in der Nobel'schen Fabrik zu Preßburg den Gebrauch einer Mischsäure bestehend aus 37,2 Proz. HNO_3, 60 Proz. H_2SO_4 und 2,8 Proz. H_2O, welche mit Anhydrid hergestellt war. Obzwar man keinen Kühlapparat verwendete, war das Ergebnis an Nitroglyzerin doch 220 für 100 Glyzerin und bei einem Verhältnis von 6,318 Säure auf 1 Glyzerin. Fabriken, welche das Verfahren von Nathan, Thomson und Rintoul verwenden, nehmen eine Mischung von 41 Proz. HNO_3, 57,5 Proz. H_2SO_4 und 1,5 Proz. H_2O, entsprechend 250 kg HNO_3, 350 kg H_2SO_4 und 9 kg H_2O für je 100 kg Glyzerin, was ein Verhältnis von 6,09 Säure auf 1 Glyzerin bedeutet gegen 6,91 auf 1 wie früher erforderlich. Man sieht sonach, daß bei diesem Verfahren ungefähr dieselbe Menge Salpetersäure auf 100 Glyzerin gebraucht wird wie beim alten Verfahren, daß aber 86 kg oder rund 20 Proz. weniger Schwefelsäure nötig sind. Es wird deshalb einfach von dem Preise des Schwefelsäureanhydrids abhängen, ob es vorteilhaft ist, dasselbe zu verwenden.

Bei den gegenwärtigen Preisen von £ 3 per Tonne für 96proz. Schwefelsäure und £ 3,15 per Tonne von Schwefelsäure-Monohydrat mit 20 Proz. Anhydrid, ersieht man den Unter-

schied in den Materialkosten zwischen dem früheren Ergebnisse
an Nitroglyzerin von 220 und dem gegenwärtigen von 229 aus
der nachfolgenden Berechnung:

Altes Verfahren:

1,10 Tonnen Glyzerin	à £ 50	£ 55
3,00 „ 93,5 Proz. Salpetersäure . .	à £ 20	£ 60
5,00 „ 96 Proz. Schwefelsäure . . .	à £ 3	£ 15
Ergebnis 2,42 Tonnen Nitroglyzerin . . .		£ 130
Preis per Tonne		£ 53,14,5

Neues Verfahren:

1,00 Tonne Glyzerin . . . . . à £ 50	£ 50
$2^3/_4$ „ 91 Proz. Salpetersäure à £ 19,10	£ 53, 2,6
$3^1/_3$ „ H_2SO_4 mit 20 Proz. SO_3 à £ 3,15	£ 12,10,0
Ergebnis 2,29 Tonnen Nitroglyzerin	£ 116, 2,6
Preis per Tonne	£ 50,14,3
Unterschied per Tonne	£ 3, 0,2

oder annähernd 5,6 Proz.*)

Es scheint sonach, daß der Preis von Anhydrid ermäßigt
werden sollte, was wohl nicht schwierig sein kann, wenn man
berücksichtigt, daß die Erzeuger tatsächlich das Anhydrid ver-
dünnen, um Säure von $100\,^0/_0$ herzustellen. Bei diesem Ver-
gleiche ist zu bedenken, daß mit dem neuen Verfahren derselbe Apparat $18\,^0/_0$ größere Beschickungen faßt.

Nach dem Nitrieren läßt man die Mischung stehen, danach
scheidet sich das Nitroglyzerin von der Abfallsäure und
schwimmt obenauf. Diese Operation wird gewöhnlich ausgeführt, indem man das Nitriergemisch in ein besonderes Gefäß
mit konischem oder geneigtem Boden, den sog. Scheider, laufen
läßt und daraus das Nitroglyzerin entweder mit einer Ab-
schöpfvorrichtung oder durch Steinzeughähne abnimmt, welche
ungefähr in dem Niveau zwischen Nitroglyzerin und Abfallsäure eingesetzt werden. Die Scheidung wird manchmal durch die
Bildung eines Kieselsäure-Colloids stark verzögert, welches mit Teilchen von Zellsubstanz und anderen Verunreinigungen sich vermengt

---

*) Dieser scheinbare Nutzen wird dadurch ganz aufgehoben, daß
nach dem neuen Verfahren um 1,9 Tonnen weniger Abfallsäure bleibt.

und farrenartige Bildungen erzeugt. Die Dynamit-Aktiengesell-
schaft in Hamburg[2]) fand ein wirksames Mittel zur Beförderung der
Scheidung in der Zugabe von hochsiedenden Paraffinen in Mengen
von 0,5 bis 2 Prozent des Glyzeringewichtes, während Dr. L.
F. Reese in Wilmington[3]) das geringe Quantum von 0,002 Prozent ($^1/_{50000}$) des verwendeten Glyzerins an Natriumfluorid zur
Nitriermischung mit ausgezeichnetem Erfolge zufügt. Beide
Methoden werden jetzt in großen Fabriken ausgeübt. Seit
mehr als 30 Jahren haben einige Fabriken nur ein Gefäß für
die Nitrierung und die Scheidung verwendet und das Nitroglyzerin aus drei Steinzeughähnen abgezogen, welche sich in
kurzen Abständen an der Scheidelinie befanden. Dies gestattete
denselben, die Erzeugung bis zur endgültigen Waschung so gut
wie auf demselben Niveau vorzunehmen. Die Abfallsäure
wurde stets in Nachscheidehäuser geschickt welche zuerst
von Herrn C. Goepner im Jahre 1882 erbaut wurden.
Die Säure wurde darin in großen bleiernen Bottichen gehalten. Diese trugen einen konischen Deckel mit einem Glas-
rohr, welches an der Seite einen Hahn oder Stöpsel hatte.
Kühlschlangen hielten die Temperatur niedrig und das ausge-
schiedene Nitroglyzerin wurde durch Hinzufügen von Abfallsäure aus einem höher stehenden Bottiche verdrängt, bis das
Nitroglyzerin in den Glasröhren so hoch stieg, daß es durch
den Hahn oder die Abzweigung abgezogen werden konnte.
Nachdem die Abfallsäure in diesen Nachscheidungen oft eine
Woche lang gehalten werden mußte, um alle ausgeschiedenen
Tropfen von Nitroglyzerin zu entfernen, so gab es manchmal
Zersetzungen. Eine kleine Anzahl von Fabriken hatte deshalb
den Plan angenommen, die Abfallsäure in einen Bleibottich zu
geben, welcher abseits von anderen Gebäuden stand, und Wasser
aus einem in geeigneter Weise umkippbaren Gefäße in dasselbe
zu schütten. Die durch die plötzliche Zugabe von Wasser erzeugte Hitze zersetzte die Abfallsäure und die Salpetersäure
wurde abgetrieben. Dies war wohl ein wirksames, wenn auch
einigermaßen riskantes Mittel, alles in der Abfallsäure enthaltene Nitroglyzerin zu zersetzen, es war aber auch unwirt-
schaftlich, indem es den Verlust aller Salpetersäure herbeiführte.
Man hat deshalb in Frankreich und anderwärts ein besseres
Verfahren eingeführt, welches darin bestand, daß man die Ab-

fallsäure durch Zugabe von 2—3 Proz. Wasser verdünnte und auf diese Weise die weitere Bildung und Ausscheidung von Nitroglyzerin aufhielt.

In der Regierungsfabrik von Waltham Abbey hat man dieses Verfahren verbessert. Man verwendet einen sog. Schei-

Fig. 1.
Scheidungs-Nitrierapparat, Patent Nathan, Thomson und Rintoul.

dungs-Nitrierapparat, in welchem das Nitroglyzerin Zeit hat, sich von den Säuren zu trennen. Abfallsäure wird sodann von unten hinzugeführt, wodurch das Niveau des Nitroglyzerins bis zu einem Punkte gehoben wird, wo es aus einem seitlich angebrachten Kanal in den Vor-Waschbottich läuft. Auf diese Weise wird der Gebrauch von Hähnen vermieden. Wenn alles Nitroglyzerin verdrängt ist, läßt man ungefähr 2 Prozent Wasser allmählich eintreten, um ungewöhnliches Erhitzen der Mischung zu vermeiden und verhindert auf diese Weise die weitere Bildung und Scheidung von Nitroglyzerin. Sir Frederic Nathan und Herr W. Rintoul beschrieben in ihrem oben erwähnten Vortrage, wie sie die Bedingungen untersuchten, unter welchen Nitroglyzerin von Abfallsäuren absorbiert wird.

Das Resultat dieser Kombination einer Anzahl nützlicher Verfahren, nämlich der Verwendung von Schwefelsäure-Anhydrid, um eine wenig Wasser enthaltende Mischsäure herzustellen, die Verwendung von abgekühltem Wasser, um die Säure zu kühlen, die Verdrängung des Nitroglyzerins durch Abfallsäure, was die neuerliche Mischung von Säure und Nitroglyzerin bei dem Ausleeren des Nitrierapparates vermeidet, und die Zugabe von Wasser zur Verhinderung des Abscheidens weiterer Mengen von Nitroglyzerin war, daß diese zusammen beitrugen, bessere Ausbeuten zu erzielen. Tatsächlich war in wohlgeleiteten Fabriken das Ergebnis an Nitroglyzerin beim oben erwähnten Verhältnisse von 6,91 zu 1 zwischen 217 und 220; in Waltham Abbey war es dagegen möglich, durch das Verdrängungsverfahren ein Ergebnis von 229 Teilen Nitroglyzerin für 100 Teile Glyzerin statt des früheren von 220 Teilen zu erlangen. Nach Herrn de Mosenthal erzielen die Nobelschen Fabriken ähnliche gute Resultate. Soweit dem Verfasser bekannt ist, wurde dieses Ergebnis nur einmal in einer belgischen Fabrik überschritten, als eine Charge von Nitroglyzerin an einem kalten Wintertage ersäuft werden mußte. Der Inhalt des Sicherheitsbottichs fror ein und es bedurfte zweitägiger Arbeit, um ihn aufzutauen, jedoch ergab sich das überraschende Resultat von 240 Nitroglyzerin. Es ist auch Tatsache, daß durch dieses Verfahren die Nitrierung, erste Scheidung und erste Waschung sämtlich auf demselben Niveau ausgeführt werden können, während weder Nachscheidehaus noch dessen Apparate nötig sind. Der Nachteil dieses Verfahrens ist, daß die benötigte Anzahl von Apparaten nicht kleiner ist als früher, weil, während ein Nachscheide-Nitrierapparat arbeitet, in demselben Gebäude kein anderer Apparat verwendet werden darf, und daß die Scheidung mehr Zeit in Anspruch nimmt als früher, wegen der verschiedenen nötigen Manipulationen. Mit dem Scheidungs-Nitrierapparat, welcher früher im Gebrauch war, wo das Nitroglyzerin durch Hähne abgezogen wurde, benötigte man ungefähr 750 mm mehr Höhe für das ganze System. Andere Fabriken waren imstande, die Niveaudifferenzen noch weiter zu reduzieren, indem sie das vorgewaschene Nitroglyzerin in ein endgültiges Waschgefäß mit Hilfe eines vorher luftleer gepumpten Gefäßes saugten. Der Verfasser hat ein solches in der Weise konstruiert, daß mit Ausnahme für die Vakuumpumpe keinerlei Hähne notwendig wurden.

Was die Wahl der Apparate betrifft, so werden gewöhnlich, wie vorher erklärt, runde Bottiche aus Stahl oder Blei verwendet. Der Verfasser hat aber auch länglich viereckige gesehen, welche einigen Vorteil zu bieten scheinen, da ihre Form es möglich macht, die Schlangen leichter anzuordnen, während gleichzeitig die Zufuhr von Glyzerin und Preßluft an verschiedenen Stellen vorgesehen werden kann, wodurch eine bessere Mischung gesichert ist. Die Amerikaner begünstigen die mechanische Rührung, während man in Europa Luftrührung vorzieht. Da ich mit beiden gearbeitet habe, kann ich mit Bezug auf Resultate keinen Unterschied zwischen denselben sehen, aber ich bin nicht für bewegliche Teile in Verbindung mit der Erzeugung von Nitroglyzerin eingenommen, und denke deshalb, daß Luftrührung im ganzen vorzuziehen ist.

In der Erzeugung von Dynamit hat es keine besonderen Verbesserungen gegeben seitdem Nobel im Jahre 1875 Sprenggelatine erfunden hat. Diese und die Gelatindynamite, welche durch Mischen einer dünnen Sprenggelatine mit einem Saugstoff aus Kalisalpeter und Holzmehl hergestellt sind, haben in den meisten Ländern das Kieselgurdynamit aus dem Felde geschlagen. Tatsächlich werden jetzt sowohl in Deutschland wie in Österreich kaum einige Tonnen solchen Dynamits verkauft, während hierzulande noch eine gewisse Menge erzeugt wird.

In dieser Hinsicht wird es interessant sein, ein getreues Bild von Kieselguhr zu besitzen, wie sie für Dynamit verwendet wird. Herr Henry de Mosenthal, dessen Geschicklichkeit in der Herstellung von mikroskopischen Präparaten wir oft zu bewundern Gelegenheit hatten, hat für mich eine Anzahl Glasplatten von Kieselguhr hergestellt, welche den üblichen Glühprozeß bei der Erzeugung durchgemacht hat und welche ich wegen ihrer hohen Saugfähigkeit (80—82$^0/_0$) wählte. Um diese Muster zu photographieren war sehr viel Sorgfalt nötig, weil eine Anzahl charakteristischer Diatomeen ausgeschnitten und in eine neue Photographie vereinigt werden mußten, aber ich glaube das Resultat war wohl der Mühe wert.

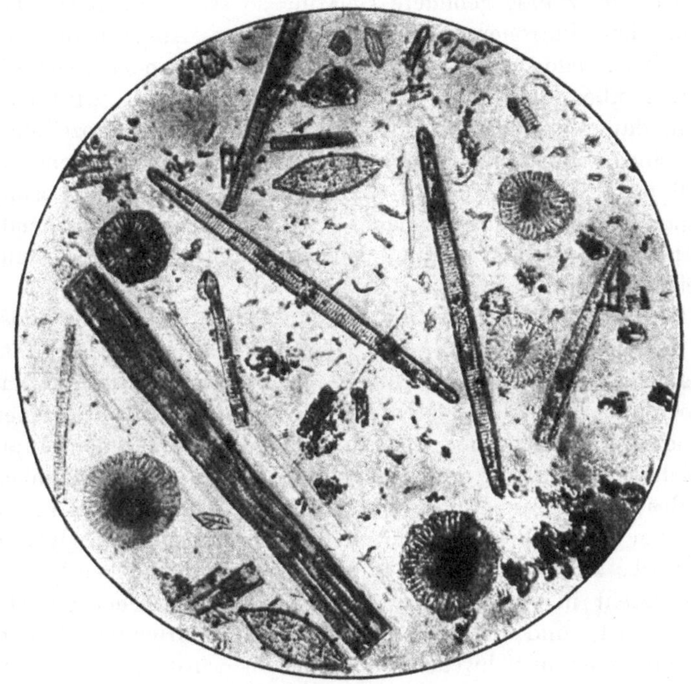

Fig. 2.
Geglühte Kieselguhr.

Wie Sie wissen, wird für Sprenggelatine eine sogenannte Kollodiumwolle oder lösliche Nitrozellulose verwendet. Infolge der sehr strengen Vorschriften in diesem Lande und ganz besonders in Australien und Südafrika ist es notwendig, eine besondere Kollodiumwolle zu verwenden, welche nicht nur in Nitroglyzerin vollständig löslich ist, sondern dasselbe auch unter allen' klimatischen Verhältnissen in befriedigender Weise aufgesaugt erhält. Die Wahl einer solchen Kollodiumwolle ist nicht leicht. Man wird in der Regel finden, daß eine minderwertige Nitrozellulose keine gute Gelatine herzustellen gestattet, wenn man auch noch so viel davon verwendet. Viele Leute glauben, daß wenn $7\,{}^0/_0$ Nitrozellulose ungenügend sind, um eine steife und geeignete Sprenggelatine zu machen, dies durch Zugabe von 1 oder $2\,{}^0/_0$ mehr herbeiführen zu können, und in der Tat ist die zuerst gebildete Gelatine so steif und hart, daß sie in den Patronenmaschinen besonderer Anstrengung bedarf. Nach einigen Monaten Lagerung jedoch, oder wenn die Gelatine über den Äquator nach Australien geht, wird man finden, daß Nitroglyzerin ausschwitzt. Eine gute Nitrozellulose wird eine vollkommen steife Sprenggelatine bei Verwendung von 6 bis $7\,{}^0/_0$ ergeben, und wenn eine $2^1/_2$ prozentige Lösung in einer Porzellanschale gemacht wird, so soll die entstehende Gelatine nach der Abkühlung leicht abzulösen sein und keine Anzeichen von Ausschwitzen geben.

Obzwar in bezug auf die Erhöhung der Kraft oder Änderung der Zusammensetzung von Dynamit, um bessere Resultate zu erzielen, keine Verbesserungen vorgenommen wurden, hat es doch innerhalb der letzten Jahre ein Auffrischen alter Ideen mit besserem Erfolge gegeben, zu dem Zwecke einen der hauptsächlichsten Einwände gegen Dynamit zu entkräften, nämlich den des Gefrierens. Im Jahre 1866 hat A. E. Rudberg in Schweden zuerst die Zugabe von Nitrobenzol zu Nitroglyzerin patentiert, zu dem Zwecke es ungefrierbar zu machen.[4]) Da dieses Patent in einer anderwärts schwer verständlichen Sprache abgefaßt ist, und da zu jener Zeit keine gedruckten Patentbeschreibungen in Schweden veröffentlicht wurden, so war das Patent so vergessen, daß Nobel, selbst ein Schwede, es wieder im Jahre 1886 patentierte.[5]) Ich habe selbst an diesem Gegenstande in Verbindung mit Nobel gearbeitet, aber ich fand, daß die meisten Zugaben zu Nitroglyzerin die Sprengkraft bedeutend herabdrückten, wenn sie in solchen Mengen verwendet wurden, daß sie wirksam waren. Die Société des Poudres et Dynamites in Arendonck hat später gefunden[6]), daß die Zugabe von in Nitroglyzerin aufgelöstem Dinitrotoluol geeignet war, den Gefrierpunkt herabzusetzen. Eine neue Richtung wurde erst eingeschlagen, als Dr. Anton Mikolajczak[7]) im Jahre 1904 die Zugabe von Dinitroglyzerin zu Trinitroglyzerin-

Explosivstoffen patentierte, und zugleich eine praktische Methode für dessen Erzeugung angab. Es wird gegenwärtig in großem Maßstabe in einer Fabrik in Castrop in Deutschland hergestellt. Liecke hat schon im Jahre 1865 erwähnt,[8]) daß er Mono- und Dinitroglyzerin durch Nitrieren reinen Glyzerins bei 0^0 in einer Mischung von 1 Volum-Teil Salpetersäure von 1,4 spezifischem Gewicht und 2 Volum-Teilen konzentrierter Schwefelsäure erhielt. In dem Deutschen Patent Nr. 58957 vom Jahre 1890 beschrieb Wohl einige Eigenschaften des Mono- und Dinitroglyzerins und erwähnte deren Eignung zur Herabsetzung des Gefrierpunktes von Nitroglyzerin. Um die Frage besser zu verstehen, ist es notwendig, auf eine höchst interessante Arbeit von Sigurd Nauckhoff[8]) hinzuweisen, welche zeigt, wie Nitroglyzerin manchmal stärkerer Abkühlung unterworfen werden kann, ohne zu gefrieren (Unterkühlung), und auf einen Artikel von Dr. H. Kast[9]), in welchem gezeigt wird, daß es zwei Arten von Nitroglyzerin (wovon eine eine allotropische Modifikation ist) mit zwei verschiedenen Schmelzpunkten gibt, wovon eine bei $13,2^0$ fest wird, und die andere bei $2,1^0$, während die Schmelzpunkte 13,5 bzw. $2,5^0$ sind.

In einer Untersuchung über Glyzerinnitrate[10]) hat Prof. Will eine historische Zusammenfassung über die Erfindung des Dinitroglyzerins gegeben und ausgedehnte Versuche veröffentlicht, welche er über die Benutzung des Mono- und Dinitroglyzerins anstellte; ohne zu sehr in die Angelegenheit einzugehen, welche am besten in Wills Originalvortrag nachgelesen werden kann, sei der Schluß erwähnt, zu welchem er gelangt, nämlich, daß Dinitroglyzerin keine sichere Garantie gegen das Festwerden bietet, und daß unter gewissen Bedingungen damit erzeugte Explosivstoffe bei einer höheren Temperatur fest werden können als Trinitroglyzerin-Sprengstoffe.

Nachdem Dinitroglyzerin einigermaßen hygroskopisch und seine Erzeugung teurer ist, als die von Trinitroglyzerin, haben Erfinder versucht, Ersatzmittel für die Verhinderung des Gefrierens zu entdecken. In erster Linie versuchte man den Ersatz einer Hydroxylgruppe im Glyzerin durch Salzsäure, wodurch Monochlorhydrin erhalten wurde. Hieraus machte die Westfälisch-Anhaltische Sprengstoff-Aktiengesellschaft Dinitro-monochlorhydrin und Mononitrodichlorhydrin.[11]) Andererseits wird

Glyzerin durch Erwärmen mit konzentrierter Schwefelsäure polymerisiert und man erhält Diglyzerin. Man kann dies auch durch verlängertes Erwärmen von Glyzerin ohne Säure zwischen 290 und 295° erhalten. Wenn man zu gewöhnlichem Glyzerin etwas Diglyzerin hinzufügt und die beiden zusammen nitriert, dann erhält man eine Mischung von Trinitroglyzerin und Dinitro- oder Tetranitrodiglyzerin, welche das Gefrieren verhindert.[12]) Die Deutsche Sprengstoff-Gesellschaft hat Monochlordinitroglyzerin patentiert[13]), während Escales (Lehmann) ein komplexes Produkt verschiedener Chlorhydrine und Diglyzerine herstellte, und die Mischung nitrierte.[14]) Eine andere Zugabe wurde von Vender vorgeschlagen, welcher Dinitroazetin und Dinitroformin herstellte.[15])

Von allen diesen Zugaben wurde bisher keine definitiv für die Erzeugung von ungefrierbaren Dynamiten angenommen, ich glaube aber, daß seit einiger Zeit Dinitrodichlorhydrin mit vielem Erfolg von den Deutschen Fabriken der Nobel-Gesellschaften verwendet wird.

In bezug auf Nitroglyzerin enthaltende Sicherheitssprengstoffe werde ich mehr zu sagen haben, wenn ich später von Sicherheitssprengstoffen im allgemeinen reden werde.

Wir kommen nun zur Schießbaumwolle. Die Geschichte der Erfindung von Schießbaumwolle ist so oft erzählt worden, und die Schritte, welche zu ihrer erfolgreichen Erzeugung während der letzten vierzig Jahre führten, sind so oft detailliert worden, daß ich auf dieselben nicht weiter Bezug zu nehmen brauche. Der wirklich wichtige Schritt in der Herstellung von Schießbaumwolle wurde gemacht, als die Britische Regierung ein Verfahren zum Zerkleinern und Reinigen der Schießbaumwolle annahm, welches zuerst von John Tonkin jun. in Poole bei Copperhouse in Cornwall[16]) und dann wieder in Verbindung mit dem Pressen der gepülpten Schießbaumwolle drei Jahre später von Sir Frederick Abel patentiert wurde.[17]) Der nächste Schritt wurde gemacht, als das Prinzip der Detonation von Nitrokörpern mit Hilfe einer kleinen Ladung von Knallquecksilber, welches durch Alfred Nobel erfunden wurde[18]), von Herrn Brown, dem Assistenten Sir Frederick Abels, auf Schießbaumwolle ausgedehnt wurde.[19]) Die Britische Regierung gab der Deutschen Regierung Gelegenheit die Schießbaumwollfabrik in Waltham Abbey zu besichtigen und lieferte derselben Pläne für die Errichtung einer ähnlichen Fabrik, welche noch in Kruppamühle in Oberschlesien in Tätigkeit ist.

Baron von Lenck, ein österreichischer General, welcher als Pionier der Erfindung Schönbeins so unermüdlich wirkte, verwendete Baumwolle in Strähnen. Die Britische Regierung führte die Benutzung von Abfall aus Spinnereien und anderen Fabrikationen, bei denen Fäden gemacht werden, ein. Die Ursache für diese Veränderung ist nicht ganz klar, es wäre denn, daß man gefühlt hätte, daß nachdem die Baumwolle in jedem Falle gepülpt werden müsse, der billigere Abfall ebensogut sei als die langen Fasern. Diese Verwendung von Baumwollabfällen wurde seitdem fortgesetzt. Ursprünglich wurden dieselben in einer 2proz. Sodalösung gekocht und dann sorgfältig gewaschen. Später verwendete man kaustische Soda und als die rauchlosen Pulver auftauchten, machte man sehr strenge Vorschriften in bezug auf die gestattete Menge von Fett in der Baumwolle und legte großen Wert auf ihre Weiße und Reinheit. Infolgedessen wurden große Bleichanstalten errichtet, in welchen die Baumwolle mit kaustischer Soda für die Entfernung von Fett gekocht, dann mit Chlorkalk gebleicht und nach dem Waschen mit Schwefelsäure oder Salzsäure neutralisiert wird, wonach man das so gebildete Kalziumsulfat oder Chlorid wieder sorgfältig auswäscht. Andere Werke bleichen mit Kalziumsulfid oder ähnlichen starken Bleichmitteln. Die so behandelte Baumwolle wird getrocknet und entweder in diesem Zustande verkauft oder sonst durch einen Reißwolf oder eine ähnliche Zerreißmaschine gehen gelassen. In dem letzteren Falle ist sie von Nägeln, Draht und anderen gewöhnlich in Baumwollballen zu findenden zufälligen Beimengungen befreit. Für unlösliche Schießbaumwolle, wie sie in Torpedos, Granatenladungen u. dgl. verwendet wird, kauft man in diesem, wie in mehreren anderen Ländern, nicht kardierten Baumwollabfall, während für Kollodiumwolle kardierte und sehr weiße Baumwolle in der Regel vorgezogen wird.

Es ist sehr sonderbar, daß beim Einkauf und der Verwendung von Salpetersäure und Schwefelsäure für die Nitrierung von Schießbaumwolle sehr strenge Vorschriften in bezug auf die Abwesenheit von mineralischen Bestandteilen, Chlor, Sulfat, Arsen u. dgl. gemacht werden, aber, wenigstens soweit ich erfahren konnte, keinerlei besonderen Vorkehrungen getroffen zu werden scheinen, um sich gegen Unreinlichkeiten in der Baumwolle zu schützen. Die Bedingungen für die Lieferung in diesem Lande verlangen einfach ein bestimmtes kleines Maximum von Fett und man verläßt sich auf praktische Versuche. In anderen Ländern geht man sogar so weit, zu verlangen, daß die Baumwolle weiß und von Eisenbestandteilen frei sei. Tatsächlich enthält ungekardeter Baumwollabfall, wie er für Schießbaumwolle verwendet wird, in der Regel eine Menge von Schnüren, Dochten, gefärbten Fäden, Gummi und sonstigen elastischen Schnüren und ähnlichen Abfällen, welche den Ursprung des Abfalles verraten, und noch so viel Auslesen mit der Hand kann vollständige Freiheit von solchen Unreinlichkeiten nicht herbeiführen. Ich habe ferner in Baumwolle, welche von Fabrikanten besten Rufes geliefert wurde, große Mengen von Chlor, Kalziumsulfat und Sulfiden außer organischem und mineralischem Staub gefunden, welch letztere der Baumwolle ein graues Aussehen gaben.

Ist es nicht auch eigentümlich, daß es bisher niemandem eingefallen ist, wenigstens soweit ich weiß, festzustellen, ob die Verunreinigungen in der Baumwolle, welche durch die gewaltsame Behandlung mit Bleichmitteln und Säuren entstehen, nicht für einen großen Teil der Unbeständigkeit gewisser Schießbaumwollen und rauchloser Pulver verantwortlich sind? Ich bin überzeugt, daß dies der Fall ist. Es ist richtig, daß Cross, Bevan und Jenks[20]) sowohl wie Lunge und Bebie[21]) die Nitrierung roher Baumwolle mit der von gebleichter Baumwolle verglichen haben, aber nur insoweit Ergebnis, Löslichkeit und kombinierte Schwefelsäure in Betracht kommen. Es scheint aber, daß niemand dem Umstande Beachtung widmete, daß ein so komplexer Körper wie Zellulose in der Form von Baumwolle in ungeheurem Grade wechseln muß, sowohl in bezug auf den physikalischen wie chemischen Zustand, und daß hierdurch auch die daraus hergestellte Nitrozellulose vielfach verändert sein muß, also mehr Kontrolle als bloß die des Stickstoffgehaltes und der Löslichkeit und Viskosität erfordern wird.

Wir wollen die möglichen Veränderungen prüfen. In erster Linie haben wir die Baumwolle selbst, welche in allen möglichen Zuständen der Reife vorhanden sein mag. Es ist wohl bekannt, daß, je reifer die Baumwolle, desto besser die Faser und desto leichter sie Farbe annimmt, so sehr, daß man sog. tote Baumwolle kennt, welche in gefärbten Stoffen Flecken verursacht. Sie wurde häufig unter dem Mikroskop geprüft, aber ganz kürzlich hat Dr. R. Haller diese tote Baumwolle mit ammoniakalischer Kupferlösung, kaustischer Soda usw. untersucht[22]). Solche Baumwolle hat nach Th. Bowman[23]) immer eine ungenügende Festigkeit und bricht bei der Verarbeitung. Haller fand, daß sie sich mit Schwierigkeit in ammoniakalischer Kupferlösung auflöst, durch Jod-Jodkaliumlösung nur leicht gelb gefärbt wird und in polarisiertem Lichte keine Helligkeit zeigt. Nur vollständig reife Zellulose gibt normale Reaktionen.

Die Untersuchungen von Leo Vignon[24]) über die Bildung von Oxyzellulose und Hydrozellulose und das Verhalten ihrer Nitrokörper zeigen deutlich, wie Baumwolle und Baumwollabfälle durch die Art der Behandlung, welcher sie unterworfen werden, teilweise in Oxyzellulose verwandelt werden, welche einen unbeständigen Nitrokörper ergibt und teilweise in Hydrozellulose, welche eine verschiedene Nitriergeschwindigkeit als gewöhnliche Zellulose hat.

Ich habe bei verschiedenen Gelegenheiten gesagt, daß nach meiner Ansicht der Prozeß des Nitrierens mit einer Mischung von Schwefelsäure und Salpetersäure in erster Reihe einen Angriff der Baumwolle durch die Schwefelsäure zur Folge hat, wie er ähnlich bei der Erzeugung von Pergamentpapier vorkommt, und daß die Schwefelsäure allmählich dadurch verdrängt wird, daß die Salpetersäure die Faser durchdringt. Es ist klar, daß je nach der Menge und der Stärke der in der Mischung vorhandenen Schwefelsäure die Nitrierung mehr oder weniger schnell und vollständig erfolgen wird, und daß folglich der Zustand und die Eigenschaften der Nitrozellulose je nach dem Verhältnisse und der Stärke der verbrauchten Säuren vollständig geändert werden können. Lunge und seine Mitarbeiter haben diesen Einfluß gezeigt, sofern er durch Nitrieren von kleinen Mengen von Verbandwatte gezeigt werden kann, welche für die Nitrierung im großen nicht geeignet ist.

Es scheint Tatsache zu sein, daß, je mehr Oxyzellulose in der Baumwolle vor dem Nitrieren gebildet wird, desto unstabiler die in der Nitrozellulose gebildeten Körper sind. Andere Unreinlichkeiten in der Baumwolle sind um so mehr geeignet die Stabilität der Nitrozellulose zu gefährden, als deren Art in der Regel unbekannt ist, und von Kehricht bis zu Gummizügen wechselt, während beinahe alle sicher sind, unstabile Produkte zu erzeugen.

Inwiefern die Art und der Ursprung der Säuren einen Einfluß auf das Endprodukt haben mögen, muß noch untersucht werden. Es ist durchaus nicht unmöglich, daß die Methode Abfallsäure mit Schwefelsäure-Anhydrid wiederzubeleben, welche jetzt viel angewandt wird, infolge der Erzeugungsweise des letzteren gewisse Risken herbeiführen mag, insbesondere nachdem sie immer etwas schweflige Säure enthält. Es ist gleichfalls durch die Untersuchungen von Will bekannt, daß die Abfallsäure von der Erzeugung von Schießbaumwolle in der Regel Nitroprodukte verschiedener Zuckerarten enthält, von denen manche sehr unbeständig sind, und es wurde in Waltham Abbey gefunden, daß die Verwendung von mit Abfallsäure der Schießwollfabrikation hergestellter Salpetersäure für die Erzeugung von Nitroglyzerin dessen Stabilität schädige. Es ist deshalb ganz wohl denkbar, daß der Ursprung der Salpetersäure einen wichtigen Einfluß auf die Beständigkeit der Nitrozellulose habe, obzwar behauptet wird, daß Salpetersäure, welche mit Schießwollabfallsäure hergestellt wurde, die damit erzeugte Nitrozellulose nicht ungünstig beeinflusse.

Ich glaube nicht, daß Verschiedenheiten in den für die Erzeugung von Nitrozellulose verwendeten Apparaten viel mit der Stabilität zu tun haben. Es ist ganz sicher, daß ein Unterschied in dem Aschengehalte besteht, je nachdem man einen eisernen, bleiernen oder Tonapparat verwendet, und es ist ganz gut denkbar, daß die Löslichkeit und Viskosität durch die Art des Tauchens und der Nitrierung beeinflußt werden können. Bis zu welchem Grade das Vorhandensein von in eisernen Apparaten gebildeten Eisensalzen die Stabilität berühren mag, ist ein der Untersuchung würdiges Problem; ich habe starke Gründe dafür, eiserne Gefäße für die erste Stabilisierung nicht zu empfehlen. Wenn ich alles, was ich oben sagte, berücksichtige, so glaube ich, daß, wenn man schon Nitrozellulose verwenden muß, und wenn, wie es der Fall zu sein scheint, Baumwolle das beste Material ist, um sie herzustellen, man dann nur die natürliche Baumwolle verwenden sollte und nicht gewöhnliches Garn und noch weniger Abfälle, welche beide so kräftigen mechanischen und chemischen Behandlungen unterzogen wurden, daß der Charakter der Zellulose vollständig geändert ist und Elemente der Ungewißheit und Gefahr eingeführt werden. Dies sollte vermieden werden, indem man reife, rohe Baumwolle nimmt, welche selbstverständlich einer geeigneten Behandlung zur Entfernung von Fett, Schalen und anderen Verunreinigungen unterzogen werden sollte, wobei aber das ganze Bleichverfahren mit all seinen Nachteilen unnötig würde.

Die Auswahl der rohen Baumwolle erfolgt bisher rein auf praktischem Wege durch Nitrierung verschiedener Muster. Außer Baumwolle hat man Löschpapier aus Baumwolle sowie Papierbänder empfohlen, auch Seidenpapier, Papierzellulose, Lumpen und anderes Rohmaterial. Alle Baumwollersatzmittel wurden aber abgelehnt und selbst die Zelluloid- und künstliche Seidenindustrie verwendet Baumwolle. Für Schultze-Pulver und einige Nitrozellulosen von geringerer Wichtigkeit nimmt man Sodazellulose.

Die Baumwolle wird gewöhnlich von Hand sortiert und in einem Reißwolf geöffnet. Die besseren Arten dieser Maschinen sind mit einem Ventilator versehen, um den gebildeten feinen Staub zu entfernen. Die Baumwolle wird sodann bis auf $0{,}5\,\%$ Feuchtigkeit getrocknet, wozu manche Fabriken eine Trockenmaschine benutzen.

Früher bestand die Mischung für Schießbaumwolle aus einem Teile Salpetersäure von 1,500 spez. Gewicht und 3 Teilen Schwefelsäure von 1,840 spez. Gewicht und jede Ladung wurde wiederbelebt, indem man ein Viertel der Abfallsäure wegnahm und eine an Salpetersäure reiche Mischung hinzugab, so daß die ursprüngliche Zusammensetzung wieder erhalten wurde. Die folgende Tabelle zeigt das Resultat zehnmaliger Wiederbelebung der Abfallsäure in einer Reihe von Fabrikationsmischungen, welche Dr. Abelli und der Verfasser im Jahre 1886 machten:

Nr.	Zusammensetzung der Nitriermischung Verhältnis 1 : 40			Nitriertemperatur	Ergebnis	N	Lösliches	Zusammensetzung der Abfallsäure		
	H_2SO_4	HNO_3	H_2O		%	%	%	H_2SO_4	HNO_3	H_2O
1.	72,82	24,37	2,81	20°	146,25	13,32	3,60	75,15	19,00	5,85
2.	71,82	23,00	5,18	10°	167,50	13,34	2,10	76,00	18,40	5,60
3.	72,45	22,52	5,03	14°	169,00	13,39	7,20	73,40	19,10	7,73
4.	70,21	23,05	6,74	10°	165,75	13,49	2,93	71,40	20,22	8,38
5.	68,77	25,97	7,26	12°	175,00	13,38	2,88	71,06	20,51	8,43
6.	69,47	23,40	7,32	10°	166,25	13,08	2,26	71,72	19,43	8,85
7.	70,00	22,34	7,66	10°	165,00	13,40	4,00	71,71	18,82	9,47
8.	70,00	21,85	8,85	9°	152,50	13,30	4,80	70,70	19,35	9,95
9.	69,18	22,58	8,24	6°	167,50	13,22	1,60	71,00	19,13	9,87
10.	69,40	22,00	8,60	9°	152,50	13,21	3,46	70,00	19,00	11,00

Die ursprüngliche Mischung bestand aus einem Teile Salpetersäure zu drei Teilen Schwefelsäure, beide mit über 97 Proz. Monohydrat. Drei Teile Abfallsäure wurden mit einem Teile frischer Säure wiederbelebt.

Man sieht, daß der in der Nitrozellulose enthaltene Prozentsatz von Stickstoff ein Maximum erreicht, wenn der Prozentsatz von Wasser in der Säuremischung ungefähr 9 Proz. ist, und nicht, wie man annehmen könnte, mit der stärkeren Säure. Diese Beobachtung hat mehrere Fabriken veranlaßt, den Einfluß von Wasser auf den Stickstoffgehalt und die Löslichkeit der Nitrozellulose zu studieren, und es wurde gefunden, daß man auf diese Weise gleichmäßige Resultate vorher bestimmter Art sichern konnte. Lunge und seine Schüler haben diese und andere die Resultate beeinflussenden Faktoren zum Gegenstande ausgedehnter Untersuchungen gemacht und die Resultate ihrer Forschungen sind ein sehr wertvoller Führer für Fabrikanten, trotzdem man sie nicht direkt auf den Großbetrieb übersetzen kann.

Die Mehrzahl der Fabriken erzeugt das Nitriergemisch, indem sie in erster Linie auf den Prozentgehalt von Wasser besondere Aufmerksamkeit verwendet, weil durch Veränderung desselben Nitrozellulosen von weit verschiedenen Eigenschaften erhalten werden können. Ich habe oft gesagt, daß, wenn man die Konzentration der Säure, ihre Temperatur und die Nitrierzeit wechselt, man drei Faktoren hat, von denen jeder bis zu einem gewissen Grade jede Eigenschaft der erhaltenen Nitrozellulose beeinflussen kann und Lunge und seine Schüler haben durch ihre Untersuchungen gezeigt, welches Gesetz für jeden Schritt der Veränderung jedes dieser Faktoren herrscht. Wir wollen nur ein paar Fälle anführen. Indem er den Prozentsatz von Wasser und das Verhältnis von Salpetersäure zu Schwefelsäure änderte, hat Sir Henry Roscoe in dem Cordit-Prozesse gezeigt, daß er eine lösliche und eine unlösliche Nitrozellulose erhielt, die eine mit 12,73 Proz. und die andere mit 12,83 Proz. oder praktisch gleichem Prozentsatze von Stickstoff. Wie in der vorhergehenden Tabelle gezeigt, hat ein ansteigendes Wasserverhältnis bis zu einem gewissen Punkte eher die Tendenz, der Nitrozellulose einen höheren Stickstoffgehalt zu geben, ohne jedoch den Gehalt an löslicher Nitrozellulose zu erhöhen. Wenn jedoch der Wassergehalt 9 Proz. übersteigt, so wird mehr und mehr lösliche Nitrozellulose gebildet, bis der Übergang in eine vollständig lösliche Nitrozellulose ziemlich rasch erfolgt. In der Mehrzahl der Fabriken ist man gewöhnt, lösliche Nitrozellulose zu erzeugen, indem man gleiche Teile von Salpetersäure von 75 Proz. Monohydrat und Schwefelsäure von 96 Proz. Monohydrat mischt und darin die Baumwolle bei einer Temperatur von 40° nitriert. Diese Nitriersäure enthält also 14,5 Proz. Wasser; trotzdem kann man, durch die bloße Veränderung des Verhältnisses der Säuren, eine sehr gute lösliche Nitrozellulose in der Kälte herstellen, und einige moderne Fabriken erzeugen sie in dieser Weise. Es scheint sehr schwer, wenn nicht gar unmöglich zu sein, gute und stabile, ganz unlösliche Nitrozellulose aus Holzzellulose zu erzeugen.*)

Es wird nun auf allen Seiten anerkannt, daß es keine bestimmte Nitrierstufe der Nitrozellulose gibt, sondern daß die Veränderung der Zusammensetzung ohne Unterbrechung erfolgt, wenn die Bedingungen günstig sind. So hat z. B. die Behandlung, welcher Schießbaumwolle während ihrer Stabilisierung ausgesetzt wird, sehr viel mit ihrer endgültigen Zusammen-

---

*) Auf dem Titelbilde sieht man eine Mikrophotographie von gewöhnlicher und von nitrierter Baumwolle in polarisiertem Lichte betrachtet. Das Präparat wurde von Herrn Henry de Mosenthal hergestellt, dem ich hiermit für seine vielfache Hilfe mit dem Mikroskope herzlichst danke.

setzung zu tun. Bruley hat bereits gezeigt[25], daß fortgesetztes Kochen die Löslichkeit der Schießbaumwolle erhöht
und auch den Stickstoffgehalt herabsetzt. Übermäßiges Pülpen
verändert gleichfalls die Löslichkeit, während lange Behandlung
mit Alkalien, selbst so schwachen wie Kalziumkarbonat, zur
Hydrolysierung der Nitrozellulose neigt und jedenfalls
Oxyzellulose zersetzt. Der Fabrikant von Schießbaumwolle
und Nitrozellulose steht tatsächlich großen Schwierigkeiten
gegenüber. Beinahe alles, was er tut, scheint schädlich zu sein.
Von der Nitrierung her enthält seine Nitrozellulose eine Menge
niedrigerer Nitrokörper, nitrierte Oxy- und Hydrozellulose,
Nitrosaccharosen usw., welche er los werden soll. Die übliche
Art, dies zu tun, ist, die nitrierte Baumwolle längere Zeit zu
kochen, und wenn unter Anwendung der wohlbekannten Jod-
kalium-Wärmeprobe es sich zeigt, daß die nitrierte Baumwolle
vernünftigerweise frei von beigemengten Unreinlichkeiten ist,
so wird sie durch Pülpen weiter behandelt. Dies ist das Verfahren, wie es in Waltham Abbey ausgeführt wird, während
man in anderen Fabriken die Baumwolle nach dem Pülpen
einer weiteren Behandlung unterzieht. Es ist nicht ganz klar,
warum man die langen und aufgeschlossenen Fasern ungepülpter
Schießbaumwolle fortgesetzt, z. B. 50 Stunden lang, kochen soll,
wie dies in einigen Fabriken geschieht. Man sollte annehmen,
daß, wenn nach einer vorläufigen Bearbeitung und Kochung
die Schießbaumwolle gepülpt und dann gekocht wird, dies
schneller geschehen könnte. Tatsächlich habe ich gefunden,
daß, wenn man die Schießbaumwolle während des Pülpens
erwärmt, dieselbe sehr rasch an Stabilität gewinne, und mehrere
Fabriken verwenden diese Methode mit Vorteil. In Frankreich
kocht man die Nitrozellulose 100 Stunden lang, und ich habe
ganz kürzlich Nitrozellulose gesehen, die 200 Stunden lang gekocht wurde, ohne daß dieselbe deshalb besser gewesen wäre.
Es muß jedoch zugegeben werden, daß die Schießbaumwolle
von Waltham Abbey, wie sie gegenwärtig hergestellt wird,
wenn mit der Jodprobe und der Zerstörungsprobe geprüft, eine
sehr stabile und gute Schießbaumwolle ist. Dies ist in erster
Linie einer Untersuchung zu danken, welche Dr. Robertson
ausgeführt hat. Er zeigte, daß die frühere Art 2 Stunden
lang dauernder kurzer Kochungen, welchen lange Kochungen

von 8—12 Stunden folgen, unrichtig war, und daß zwei lange
Kochungen, jede von 12 Stunden, Säuren aus Nitrozellulose
frei machten und ein saures Wasser ergeben, welches die Verunreinigungen hydrolysiert, ohne die Schießbaumwolle selbst
anzugreifen, und daß weitere kurze Waschungen zur Entfernung
der Produkte der Hydrolyse nützlich sind. Da ich häufig Gelegenheit hatte, Dr. Robertsons Grundsätze in der Praxis zu

Fig. 3.
Nitrier-Zentrifugen.

prüfen, kann ich dieselben als eine der nützlichsten Arbeiten
erklären, welche seit der Erfindung der Schießbaumwolle ausgeführt wurden.

Die Nitrierung der Schießbaumwolle wurde ursprünglich
durch Tauchen in eisernen Wannen ausgeführt. Man gab von
Zeit zu Zeit frische Säure hinzu, und ließ die getauchte Baumwolle, nachdem man den größten Teil der Säure ausgepreßt
hatte, in kleinen Tontöpfen zur Vollendung der Nitrierung

stehen. Später nitrierte man in großen Töpfen oder gußeisernen Wannen, welche acht oder mehr Kilogramm Baumwolle fassen konnten, mit sorgfältig vorbereiteten und untersuchten Mischungen von Säuren, welche durch ordentliche Untersuchung der Abfallsäure und Hinzufügung der notwendigen frischen Säure wieder belebt wurden. Die Firma Selwig & Lange in Braunschweig hat, wie bekannt, die sog. Nitrierzentrifuge erfunden, in welche die Baumwolle getaucht und die erforderliche Zeit lang stehen gelassen wird, und nachdem die Nitrierung vollendet ist, wird die Zentrifuge in Bewegung gesetzt und die Säure so ausgepreßt. Mit anderen Worten, die Übertragung der Nitrozellulose und der Nitriersäuren von den Nitriertöpfen in die Säurezentrifuge wird erspart. Ganz kürzlich hat diese Firma eine Veränderung ihrer Zentrifuge vorgenommen, bei welcher dieselbe während der Nitrierung langsam in Umdrehung versetzt wird. Die Säure wird auf diese Weise durch das hohle Auflager des Korbes nach oben gedrückt und kommt in einer Anzahl kleiner Strahlen oben heraus, so daß sie fortwährend zirkuliert. Ich bin vielleicht ein Ketzer, aber ich habe niemals den großen Vorteil dieser Nitrierzentrifugen einsehen können. Sie kosten sehr viel Geld, sie geraten in Unordnung, man kann nur ungefähr 8 kg Baumwolle auf einmal nitrieren und bei einer Nitrierdauer von z. B. einer halben Stunde kann man im besten Falle 10 Chargen pro Tag machen, wenn aber die Nitrierzeit eine Stunde ist, dann kann man nur 7 Nitrierungen ausführen. Dies bedeutet, daß für eine mäßig große Erzeugung man eine große Anzahl von Zentrifugen benötigt, und es ist leicht auszurechnen, was dies in einer Kunstseidefabrik bedeuten würde, welche z. B. 3000 kg Nitrozellulose per Tag erzeugt. Die für die Nitrierung benötigte Säuremenge muß größer sein als sonst, weil der Raum zwischen den die Baumwolle enthaltenden Körben und dem Mantel der Maschine mit Säure ausgefüllt werden muß, und so gibt es noch eine Anzahl anderer Nachteile. Es ist nicht schwierig, Töpfe oder Wannen in einer solchen Weise zu arrangieren, daß die daraus entweichenden Säuredämpfe mit Hilfe eines Tonventilators in einen Absorptionsturm geführt werden, wie dies auch bei Nitrierzentrifugen geschieht, und diese Nitriergefäße in eine Säurezentrifuge zu entleeren, ohne daß man den Arbeiter Dämpfen und verschütteter Säure aussetzt. Dergleichen Fabriken arbeiten seit sehr vielen Jahren und in jeder Hinsicht zufriedenstellend. In Kunstseidefabriken, wo schnelle Arbeit von größter Wichtigkeit ist, wird die Säure entfernt, indem man die nitrierte Baumwolle in einen Bleikorb gibt und mittels eines Stempels hydraulischen Druck darauf ausübt. Derlei Fabriken beschäftigen sich auch nicht viel mit der Analyse und dem genauen Transporte dieser Säure, vielmehr wird alle aus der hydraulischen Presse auslaufende Säure in offenen gußeisernen Kanälen in ein großes Vorratsgefäß geführt, in welches gleichzeitig die wiederbelebte Säure unausgesetzt mit einer bestimmten Geschwindigkeit einläuft und auf diese Weise den Durchschnittsgehalt der Säure während des ganzen Tages aufrecht erhält. Ich kenne eine Fabrik, wo während der letzten sechs Jahre die Säure niemals erneuert, sondern stets in dieser Weise wiederbelebt wurde.

Nachdem bei dem Wiederbeleben ein Überschuß an Abfallsäure entsteht, so wird diese manchmal in derselben Weise wie die von der Nitroglyzerin-Erzeugung herrührende Abfallsäure denitriert. Sie kann aber mit viel größerem Vorteil bei der Erzeugung neuer Salpetersäure verwendet werden, da in diesem Falle die in der Abfallsäure enthaltene Salpetersäure als reines Monohydrat wieder gewonnen wird.

Die Wiederbelebung wird heutzutage häufig mit Schwefelsäure, welche 20 Proz. Anhydrid enthält, ausgeführt. Dies vermindert den Überschuß von Abfallsäure sehr bedeutend, aber wie ich schon gesagt habe, sollte auch sichergestellt werden, ob die damit erzeugte Nitrozellulose nicht angegriffen wird.

Das Neutralisieren der aus den Zentrifugen entfernten Schießbaumwolle wird hauptsächlich durch direktes Eintauchen in Wasser ausgeführt, aber eine Fabrik führt sie schon seit langer Zeit in einem Bleikanal zugleich mit einer großen Menge von Wasser fort, während ein ähnlicher Schwemmapparat von den Herren Selwig & Lange vielfach ausgeführt wurde, nachdem man ihn früher in Waltham Abbey versucht und seiner angeblichen Gefahr wegen aufgegeben hatte.

Wenn die Schießbaumwolle gepülpt und fertiggestellt ist, wird sie häufig in Kisten verpackt und eingepreßt. Schießbaumwolle kann außen durch Pilzbildung schimmlich werden und nach von Förster ihre Struktur dadurch zerstört werden[26]). Von Förster fand dies durch Papier in den Kisten befördert, während Malenkowicz zeigte, daß dies Pilzen zuzuschreiben ist[27]), welche durch den Einfluß der Feuchtigkeit auf das Holz der Kisten hervorgerufen wurden. Es ist sehr wichtig, geeignetes Packmaterial zu wählen wegen der Möglichkeit, die Stabilität zu benachteiligen.

Fig. 4.
Nitrierung von Baumwolle, Thomsons patentiertes Verdrängungsverfahren.

Ein neues Verfahren der Nitrierung von Baumwolle ist den Herren James Milne Thomson und William Thomson von Waltham Abbey zu verdanken[28]), und es wurde bereits in einigen Fabriken eingeführt. Ein trichterförmiges Gefäß aus Ton kann an einem röhrenförmigen Ansatze mit Hilfe von Hähnen entweder mit einem frische Säure liefernden Rohr oder mit einem Ablaufrohre verbunden werden. Ein tönerner Rost schließt die Öffnung des röhrenförmigen Ansatzes, neue Säure wird eingeführt, die Baumwolle in der üblichen Weise darin eingetaucht, und dann werden Segmente aus gelochten Tonplatten oben aufgelegt, um die Baumwolle vollständig einzutauchen. Ein kleines Gefäß mit vier Ablaufrohren wird nun oben aufgelegt und ein Segner-Rad verteilt Wasser gleichmäßig darin, und dies wird so reguliert, daß es ganz langsam ausfließt und sich oben auf die Säure legt ohne diese aufzurühren. Diese Schichte Wasser hält alle aus der Säure entstehenden Dämpfe zurück, so daß die Luft in dem Raume ganz gut ist. Wenn die Nitrierung beendigt ist, läßt man wieder Wasser einlaufen, öffnet jedoch zugleich die Verbindung mit dem Ablaufrohre; die Säure wird allmählich verdrängt und ihr Ablauf sorgfältigst geregelt. Schließlich kann man der Nitrozellulose eine vorläufige Waschung in derselben Weise erteilen.

Die Ankündigungen der Erzeuger der Apparate erwähnen, daß nur 0,4 Proz. Säure verloren gehen, und daß 70 Proz. der wiedergewonnenen Säure 9,7 Proz. Wasser und 30 Proz. davon 20 Proz. Wasser enthalten. Bei dem gewöhnlichen Verfahren wird ungefähr ebensoviel Säure als Schießbaumwolle zurückbehalten. Wenn man deshalb z. B. 30 Teile Säure auf 1 Teil Baumwolle zum Nitrieren verwendet, so verliert man ungefähr 3,5 Proz. Abfallsäure, andererseits erzeugt man keine schwache Säure, sondern alle Abfallsäure enthält bloß 10 Proz. Wasser. Dieses Verfahren gibt sehr gute Resultate und ist für die Herstellung von Schießbaumwolle, wie sie die britische Regierung benötigt, sehr geeignet, da diese einen ziemlich großen Gehalt an löslicher Nitrozellulose besitzen darf. Bisher gibt es noch nicht genügend Daten, um zu entscheiden, ob das Verdrängungsverfahren ebenso gute Resultate für Schießbaumwolle mit einem geringen Prozentsatze von löslicher Nitrozellulose ergibt, oder was für rauchloses Pulver noch wichtiger ist, ob man damit eine lösliche Nitrozellulose mit bestimmten Eigenschaften herstellen könne, was wie bekannt immer einigermaßen schwierig ist.

Die einzige Verbesserung in der Aufarbeitung fertiger Schießbaumwolle wurde von Hollings patentiert[29]) und von anderen verbessert. Es ist eine besondere Art der Pressung, wodurch große Chargen, wie für Granaten, Torpedos usw., in einem Blocke gemacht werden können, statt wie bisher aus einer Anzahl von Segmenten zusammengesetzt und sodann in einer Drehbank gedreht zu werden.

Von anderen Arten von Zellulose hat man bisher wenig Gebrauch gemacht. Es ist nicht nötig, daß ich von den Nachteilen von Nitrozucker und Nitromannit usw. spreche, aber Nitrostärke, welche so verlockend ist, wurde oft versucht, ohne daß es möglich war, sie stabil zu machen. Außerdem konnte man Nitrostärke nicht hoch genug nitrieren. Es war deshalb einigermaßen überraschend, als Arthur Hough aus New York ankündigte[30]), er könne Stärke so nitrieren, daß sie mindestens 16 Proz. Stickstoff enthalte. Er tat dies, indem er Stärke in Salpetersäure bei einer Temperatur von 32^0 auflöste und die Nitrostärke durch Hindurchleiten von gasförmigem Schwefelsäureanhydrid ausfällte. In einem späteren Patente änderte er dieses Verfahren dahin, daß er die Stärke mit einer Mischung von 3 Teilen Salpetersäure von 95 Proz. Monohydrat und 2 Teilen Schwefelsäure von 98 Proz. nitrierte und soviel Schwefelsäureanhydrid hinzufügte, daß er eine Konzentration von 100 Proz. mit 1—2 Proz. freiem SO_3 in der Lösung enthielt. Ferner führt er während der Nitrierung mehr Schwefelsäure mit einem Überschusse von 2 Proz. Anhydrid in die Mischung ein, und er erhält auf diese Weise Nitrostärke, welche beinahe vollständig ein Oktonitrat ist $[C_{12}H_{12}(NO_2)_8O_{10}]$ und ungefähr 16,5 Proz. Stickstoff enthält. Sie werden sich erinnern, daß Hoitsema die Möglichkeit, höhere Zellulosenitrate als Hexanitrozellulose zu erzeugen, studierte[31]), indem er die Stärke der Säure mit Phosphorsäureanhydrid aufrecht erhielt. Es scheint, daß Hough die praktische Lösung gefunden hat. Diese Nitrostärke wurde bei der Erzeugung von rauchlosem Pulver verwendet, und ich höre, daß sie in der Armee der Vereinigten Staaten zum Teil eingeführt ist.

[1]) Journal of the Society of Chemical Industry, 16. März 1908. Vergl. auch Guttmann „Die Industrie der Explosivstoffe", S. 357.

[2]) Britisches Patent Nr. 13562 v. J. 1904.

[3]) Britisches Patent Nr. 20310 v. J. 1905.

[4]) Schwedisches Patent vom 30. April 1866.

[5]) Britisches Patent Nr. 5330 von 1886.

[6]) Britisches Patent Nr. 14827 von 1903.

[7]) Britisches Patent Nr 8041 von 1904.

[8]) Mitteilungen des Hannoveranischen Gewerbevereins 1865, S. 214.

[9]) Zeitschrift für angewandte Chemie 1905, S. 11.

[10]) Zeitschrift für das gesamte Schieß-und Sprengstoffwesen 1906, S.225.

[11]) Berichte der Deutschen Chemischen Gesellschaft 1908, S. 1107.

[12]) D.R.P. Nr. 197404 von 1905.

[13]) Britisches Patent Nr. 6314 von 1906.

[14]) D.R.P. Nr. 183400 von 1904.

[15]) Britisches Patent Nr. 21117 von 1907.

[16]) Britisches Patent Nr. 9791 von 1906.

[17]) Britisches Patent Nr. 320 von 1862.

[18]) Britisches Patent Nr. 1102 von 1865.

[19]) Britisches Patent Nr. 1345 von 1867.

[20]) Britisches Patent Nr. 3115 von 1868.

[21]) Journal of the Society of Chemical Industry 1900, S. 318.

[22]) Zeitschrift für angewandte Chemie 1901, S. 483.

[23]) Chemiker-Zeitung 1908, S. 838.

[24]) The Structure of the Cotton Fibre, London 1908, S. 114.

[25]) Comptes rendus, 6. Juni 1898, 10. und 17. Sept. 1900. — Mémorial des Pondres et Salpêtres 1895—96, S. 131.

[26]) Max von Förster, Versuche mit komprimierter Schießbaumwolle, Berlin 1883, S. 11.

[27]) Mitteilungen über Gegenstände des Artilleriewesens 1907, S. 599.

[28]) D.R.P. Nr. 172499 von 1904.

[29]) Britische Patente Nr. 19806 von 1898 und 23449 von 1899.

[30]) D.R.P. Nr. 172549 von 1903.

[31]) Zeitschrift für angewandte Chemie 1898, S. 173.

III.

Michel Eyquem de Montaigne schrieb im Jahre 1580 in seinen „Essais" mit Bezug auf Schießpulver: „Ausgenommen um die Ohren zu überraschen, woran seitdem schon jedermann gewöhnt ist, glaube ich, daß dies eine Waffe von sehr wenig Wirkung ist. Ich hoffe, daß wir einmal dessen Gebrauch aufgeben werden."[1]) Hätte jemand es gewagt, einen solchen Gedanken vor 30 Jahren zu wiederholen? Und doch ist es so gekommen.

Um das Jahr 1410 herum finden wir jene seltsame Abhandlung über Schießpulver, benannt „Feuerwerksbuch", welche von einem Büchsenmeister, Namens Abraham von Memmingen, verfaßt sein soll; sie enthält die berühmte Erzählung, wie Berthold Schwartz versuchte, eine Goldfarbe zu machen und an deren Stelle das Schießpulver und die Geschütze erfand. Dieses Buch wurde anderen Büchsenmachern geliehen, welche es sämtlich abschrieben und mit Zusätzen versahen, bis es im Jahre 1534 in Frankfurt a. M. unter dem Titel „Büchsenmeysterei" gedruckt wurde. In dieser gedruckten Ausgabe findet sich eine Vorschrift: „Aus einer buchsen mit wasser zuschiessen so weit als mit puluer." Man wird angewiesen, 6 Teile Salpetersäure, 2 Teile Schwefelsäure, 3 Teile flüssiges Ammoniak und 2 Teile Oleum Benedictum (rohes Teeröl) zu nehmen und damit das Geschütz auf ein Zehntel seiner Bohrung zu füllen. Man erhält ferner den sonderbaren Rat:

„zünd sie an behend das du dauon kommen mügßt. Sihe das die büchs fast starck sei. Mit einr gmeynen büchsen scheustu mit disem wasser drei tausent schritt / es ist aber gar köstlich."

Dies ist der erste Beweis für die Verwendung einer nitrierten organischen Substanz als Schießmittel.

Ich habe schon die Geschichte der Erfindung der Schießbaumwolle besprochen, es bleibt mir aber noch eine Mitteilung übrig, nämlich zu zeigen, wie früh man daran dachte, Schießbaumwolle in Gewehren zu benutzen. Es ist bekannt, daß Schönbein über seine Schießbaumwolle am 11. März 1846 berichtete und daß er am 27. Mai 1846 Versuche mit Gewehren anstellte. Professor Otto aus Braunschweig hat unabhängig von Schönbein auch Schießbaumwolle hergestellt und seine Resultate am 5. Oktober 1846 veröffentlicht. Er versuchte auch Schießbaumwolle in einem Gewehre und Forstrat Dr. Hartig nebst Oberförster von Schwarzkoppen bestätigten, daß sie gegenwärtig waren, als Versuche mit scharfer Ladung angestellt wurden. Derselbe Dr. Hartig veröffentlichte im Jahre 1847 in Braunschweig eine Broschüre unter dem Titel: „Untersuchungen über den Bestand und die Wirkungen der explosiven Baumwolle" und darin macht er eine Mitteilung, welche seitdem viel Wichtigkeit erlangt hat. Er sagt, daß die Wirkung, welche Essigäther auf die Schießfaser hat, sehr merkwürdig sei. Er habe gefunden, daß, wenn er aus der Schießfaser mit Äther eine steife klare Gelatine mache, daß dies ihren chemischen Zustand nicht ändere, und wenn sie in einer dünnen Schicht auf eine Glasplatte gebracht werde, so bleibe ein schneeweißer Rückstand, nachdem der Äther verdampft ist. Wenn dieser Rückstand in verdünnten Alkohol gebracht und dann getrocknet wird, so wird er in jeder Hinsicht dieselben Eigenschaften wie die Schießfaser haben. Er erwähnt bereits, daß wahrscheinlich infolge des geänderten Aggregatzustandes eine beträchtliche Veränderung der Explosivkraft erfolge.

Lange Zeit hat man von einem wirklichen aus Nitrozellulose hergestellten Pulver nichts gehört. Es ist wahr, daß im Jahre 1847 die „Commission du Pyroxyle", welche in Frankreich ernannt wurde, „damit in jeder Form Versuche machte, als Watte, gesponnen, gedreht, gewebt, durch die Wirkung von Papiermacherwalzen gepulvert, mit Hilfe von Dextrin verfilzt und schließlich wie Geschützpulver gekörnt,"[2]) aber sie war für den Gebrauch in Geschützen und Gewehren zu heftig. Baron von Lenck in Österreich machte Geschützladungen aus faserförmiger Schießbaumwolle und wir wissen, daß dieselben ohne Erfolg waren. Im Jahre 1865 veröffentlichte Hauptmann Eduard Schultze aus Berlin eine Broschüre über sein „Neues chemisches Schießpulver“, in welcher er die ersten Angaben über dieses Pulver machte, aber mehr Worte als Details. Zur selben Zeit aber veröffentlichten eine Anzahl deutscher Journale Details über seine Erzeugung: Nach diesen wurde es aus dünnen Holzfournieren gemacht, aus denen mit einer kleinen Lochmaschine kleine Scheiben herausgestoßen wurden. Die Holzscheibchen wurden mit Soda gekocht und gewaschen, dann mit Dampf gekocht, wieder 24 Stunden lang gewaschen, dann mit Chlorkalk gebleicht, wieder gewaschen und nach dem Trocknen wurden sie in derselben Weise wie heutzutage lösliche Schießbaumwolle nitriert. Nach dem Waschen wurde das nitrierte Holz in Sodalösung gekocht und nach weiterem Waschen in einer gesättigten Lösung von Kalium und Bariumnitrat ansaugen lassen. Sehr bald darauf machte Schultze fein verteilte Nitrozellulose und erzeugte Körner durch Agglomerieren mit Wasser in Trommeln. Es ist auch zu bemerken, daß Abel im Jahre 1865 die Herstellung von Schießwollkörnern patentierte;[3]) er gab eine Mischung von Schießbaumwolle mit Wasser und ein wenig arabischem Gummi in eine Pfanne, erteilte derselben eine rüttelnde Bewegung und ließ dadurch die Schießwolle eine Körnerform annehmen. Er schlug auch vor, lösliche und unlösliche Schießwolle zu mischen und lösliche Schießwolle als Bindematerial dienen zu lassen, indem dieselbe mit Methylalkohol, Alkohol, Äther oder Mischungen dieser Flüssigkeiten behandelt wurde. Es ist ferner interessant, daß Dr. Kellner aus Woolwich in einem im Jahre 1866 erschienenen deutschen Buche[4]) als derjenige angeführt ist, welchem es zuerst gelang, ein kornförmiges, rauchloses Pulver herzustellen. Weder Abel noch Kellner scheinen die Sache bis zur Gelatinierung der Nitrozellulose getrieben zu haben.

Der Verfasser erinnert sich sehr wohl an eine Firma in Marchegg bei Wien, welche unter dem Namen Volkmann's k. k. priv. Kollodin Fabriks-Gesellschaft, H. Pernice & Co., bestand. Dieselbe hatte ursprünglich das Patent für das Schultze-Pulver gekauft, und erzeugte es unter dem Namen Nitroxylin. Vom Jahre 1872 bis 1875 machte sie ein Kollodin genanntes Pulver, welches von Friedrich Volkmann erfunden und von ihm unter dem 8. November 1870 und 31. Mai 1871 zum Patente angemeldet wurde. Nach dreijährigem Bestande veranlaßte die österreichische Regierung die Schließung dieser Werke, weil das Pulver deren Pulvermonopol verletzte. Auf diese Weise war es für die Welt verloren, und es war nicht möglich, darüber Auskunft zu bekommen, bis es dem Verfasser ganz kürzlich gelang, sich eine Abschrift dieser höchst merkwürdigen Patente zu verschaffen.*)

Volkmann schnitt Erlenholz in kleine Körner von der Größe des Schwarzpulvers. Er kochte dieselben in einer 3proz. Sodalösung, wusch sie, behandelte sie mit Dampf und wusch sie wieder. Er bleichte sie dann in einer Lösung von Chlorkalk und nach endgültigem Kochen mit reinem Wasser nitrierte er sie in einer Mischung von Salpeter- und Schwefelsäure. Soweit wurden sie genau so behandelt, wie auch jetzt noch die Baumwollabfälle. Die fertigen Körner wurden in einer Lösung von Kaliumnitrat oder Kalium- und Bariumnitrat ansaugen gelassen und nach dem Trocknen wurden sie mit einer Mischung von 5 Volumteilen Äther und 1 Volumteil Alkohol behandelt. Dies wurde auf zwei verschiedene Arten ausgeführt. Die Körner werden entweder mit Ätheralkohol bedeckt und darin zwischen 3 und 30 Minuten, je nach Größe, belassen und herausgenommen, bevor das Lösungsmittel sie vollständig durchtränkt hatte. Sie wurden dann mit Luft gerührt und mit trockenem Pulverstaub bestreut, um zu verhindern, daß sie zusammenkleben und nachher wurden sie getrocknet. Als Alternative ließ man das Lösungsmittel die Körner vollständig durchdringen, und je mehr von der Substanz aufgelöst wurde, desto mehr ward ihr Volumen herabgesetzt. Wenn man das Pulver aus dem Lösungsmittel herausnahm, so war es in der Gestalt eines Breies, welcher nach 12stündigem Trocknen bei 30° in eine teigige biegsame Substanz verwandelt wurde, von der man jede Form durch Formen und Pressen herstellen konnte. Indem man mehr oder weniger auflöste und preßte, konnte man die Brisanz dieser Formkörper in Gewehren nach Belieben ändern. Volkmann beanspruchte: „Die Vorzüge dieses Pulvers gegenüber dem chemischen Schießpulver bestehen darin, daß sein Dampf beim

---

*) Der Wortlaut derselben ist im Anhange abgedruckt.

4*

Schießen so durchsichtig ist, daß bei schnell aufeinander folgendem Schießen das Auge des Schützen nie behindert wird, das Ziel zu sehen; daß es einen viel geringeren Knall hat; daß es nur sehr geringen trockenen Rückstand hinterläßt, der stets durch den folgenden Schuß fortgenommen wird; daß es nur der Hälfte des Gewichtes des schwarzen Pulvers bedarf, um das Geschoß ein Drittel weiter zu tragen und daß seine Mündungsgeschwindigkeit um ein Viertel größer ist; daß es eine bis zur Hälfte größere Rasanz hat; daß sein Effekt ein stets gleichmäßiger sei, weil es keine mechanische Mischung ist; daß seine Erzeugung, Aufbewahrung und Transport ungefährlich sind; daß die Feuchtigkeit demselben gar keinen Schaden tut; daß sein Volumen gegenüber dem Gewichte bedeutend verringert werde, wodurch es selbst in solchen Gewehren verwendet werden kann, welche einen kleinen Raum zur Aufnahme der Ladung haben; und schließlich, daß es für Sprengzwecke viel ökonomischer ist."

Wahrhaftig, Volkmann scheint alles gewußt zu haben, was man über rauchloses Pulver zu wissen braucht!

Zu jener Zeit wurden in Österreich Patente geheim gehalten und dadurch wurde Volkmanns Methode zur Herstellung des Pulvers der Welt nicht bekannt.

Im Jahre 1882 patentierte dann Walter F. Reid das Agglomerieren von Nitrozellulose in Körnerform und Befeuchtung der Körner mit Ätheralkohol, um sie zu härten.[5]) Ich hatte den Vorteil, diese Erzeugung und einige Versuche mit diesem Pulver im Jahre 1883 zu sehen, in welchem Jahre Oscar Wolff und Max von Förster die Methode, kleine Würfel von Schießbaumwolle mit einem Lösungsmittel zu bedecken, um dieselben dauernd feucht zu erhalten, veröffentlichten und patentierten.[6]) Reids Pulver wurde unter dem Namen E. C. Pulver erzeugt und ist noch immer ein beliebtes Jagdpulver, da es aber, was man jetzt ein voluminöses Pulver nennt, ist, nämlich ein Pulver von sehr loser Struktur und geringem kubischem Gewichte, so war seine Wirkung für Militärgewehre zu heftig, während es für Jagdgewehre gerade recht war. Ich möchte hier wieder erwähnen, daß ich im Jahre 1886 Herrn Professor Hebler, dem wohlbekannten Schweizer Pionier des Kleinkalibergewehres, vorschlug, ein Stück Sprenggelatine als Ladung für eine Gewehrpatrone zu verwenden, daß aber die bloße Idee ihn schon erschreckte, obzwar er von mir eine Pille gepreßter Schießbaumwolle zu diesem Zwecke haben wollte.[7] Alle diese tastenden Versuche wurden durch die Erfindung Vieilles im Jahre 1886 verdunkelt,[8] welcher Nitrozellulose vollständig gelatinierte und daraus Blätter machte, die er in Streifen oder kleine viereckige Blättchen schnitt. Es wurde behauptet, daß Vieille seine Erfindung machte, während er ein dem E. C. Pulver ähnliches voluminöses Pulver herzustellen versuchte, ich habe aber aus seinem Munde die Versicherung, daß seine Erfindung die Folge langandauernder Studien und Versuche war, zu dem Zwecke die Wirkung erhöhter Ladedichte auf die Verbrennungsgeschwindigkeit zu bestimmen, welche ihn dazu führte, allmählich die lösende Wirkung zu erhöhen, bis er ein vollkommen gelatiniertes Pulver erhielt.

Dieser unparteiische Überblick zeigt, daß, während das Verdienst, das erste pulverähnliche Material aus einem Nitrokörper erzeugt zu haben, Hartig zukommt, und während Schultze das erste Handelspulver machte, doch die Erfindung eines gelatinierten Pulvers in dem modernen Sinne Friedrich Volkmann zuzuschreiben ist, obzwar, unabhängig von ihm, Reid 12 Jahre später ein gehärtetes Jagdpulver und Vieille 16 Jahre später ein vollständig gelatiniertes Militärpulver wieder entdeckte. Es scheint sonach, daß die Österreicher nicht nur die ersten waren, mit Schießbaumwolle in Kanonen Versuche anzustellen, sondern daß sie auch tatsächlich das gegenwärtig übliche Gewehrpulver vor allen anderen besaßen, jedoch nur um es durch ihr Monopol zu erdrücken. Der Uhrzeiger des industriellen Fortschrittes wurde dadurch auf 15 Jahre zurückgerückt.

Die Einteilung rauchloser Pulver in solche, welche aus Nitrozellulose allein, und solche, welche aus Nitrozellulose und einem anderen Nitrokörper hergestellt sind, kann heutzutage wohl auf Nitrozellulosepulver und Nitrozellulose-Nitroglyzerinpulver vereinfacht werden. Alle anderen rauchlosen Pulver hatten ein verhältnismäßig kurzes Leben und wurden bei keiner Armee eingeführt. Das Nitroglyzerin-Nitrozellulosepulver wurde im Jahre 1888 durch Alfred Nobel erfunden,[9] welcher ihm

den Namen Ballistit gab. Die Britische Regierung nahm ein
Pulver an, welches unlösliche Schießbaumwolle nebst Nitroglyzerin und Vaselin enthielt, wobei das Ganze durch Azeton
in Lösung gebracht wurde.[10]) Nobel verwandte für sein Ballistit
zuerst lösliche Nitrozellulose mit Nitroglyzerin und Kampher,
doch wurde der letztere Bestandteil später weggelassen. Ballistit
ist das Dienstpulver in Italien und wird sehr viel für große
Kanonen verwendet. Man fügt nun Anilin hinzu, und es wird
sowohl für Vaselin wie für Diphenylamin und Anilin das Verdienst
in Anspruch genommen, daß sie auf das Pulver einen großen
stabilisierenden Einfluß ausüben.

Es ist nicht nötig, daß ich die Erzeugung der Pulver in
ihren Einzelheiten darstelle. Dies ist ein Gegenstand großen
mechanischen Interesses, und obzwar die Form und der physi-
kalische Zustand des Pulvers einen bedeutenden Einfluß auf
seine ballistischen Eigenschaften üben, so beabsichtige ich doch
nicht, die Maschinen den gegenwärtigen Vorlesungen anzufügen.

Nitrozellulosepulver werden aus trockener Nitrozellulose in
einer Mischmaschine gemacht, wobei ein Lösungsmittel, gewöhnlich Ätheralkohol oder Ätherazeton verwendet wird. In vielen
Fabriken macht man die Nitrozellulose wasserfrei, indem man sie
mit Alkohol durchtränkt, zuerst mit solchem, welcher schon
für diesen Zweck verwendet wurde und dann mit reinem Alkohol, wobei sie natürlich jedesmal in einer Presse ausgedrückt
wird. Manche glauben, daß durch diese Methode die Güte
des Pulvers beeinträchtigt werde, während es viel wahrschein-
licher ist, daß gewisse unstabile Produkte oder solche, welche
die Regelmäßigkeit des Schusses beeinträchtigen könnten, durch
die Behandlung mit Alkokol herausgezogen werden. Manche
haben gefunden, daß ein Substanzverlust bis zu 5 Proz. bei
gewissen Nitrozellulosen durch diese Behandlung entstehe. Die
Mischung wird sodann unter einem Paar schwerer Walzen zu
Blättern der erforderlichen Dicke gewalzt und diese in Blättchen geschnitten, welche sonach getrocknet werden. In manchen Armeen verwendet man Bänder statt Körner und in
anderen Fäden und Röhren, welche in für die Ladung geeignete
Längen geschnitten werden. Früher hat man in Deutschland
dem Pulver während des Knetens Kampher zugesetzt. Manche
Länder lassen eine bestimmte Menge Lösungsmittel in dem

Pulver, und früher hat man in Frankreich ein wenig Amylalkohol hinzugefügt, während man jetzt Diphenylamin angenommen hat. Dieses wurde schon im Jahre 1889 im C/89-
Pulver der Köln-Rottweiler Fabrik in Deutschland verwendet.
Die in der Regel mit hydraulischem Druck aus einer Düse
herausgepreßten Fäden von Pulver werden häufig in Trocken-
kästen an Klammern aufgehängt oder sie werden in Stangen
geschnitten und auf Rahmen getrocknet. In beiden Fällen ist
dadurch Gelegenheit zur Wiedergewinnung des Lösungsmittels
gegeben. Blättchen- und Stangenpulver werden häufig in
Wasser gekocht, um dieselben vom Lösungsmittel zu befreien,
Nitroglyzerinpulver, wie z. B. Kordit, werden ungefähr ebenso
behandelt, wie Nitrozellulosepulver.

Ballistit wird auf andere Art hergestellt. Lösliche Nitrozellulose wird in der fünfzehnfachen Menge Wasser suspendiert
und Nitroglyzerin hinzugefügt, wonach die Mischung mit Preßluft gerührt wird. Hierdurch löst das Nitroglyzerin die Nitrozellulose, wobei das Wasser nur als Träger dient. Dieses Verfahren wurde von Lundholm und Sayers erfunden,[11]) und er-
möglichte es, sogar gleiche Gewichtsteile Nitroglyzerin und
Nitrozellulose zu vermengen. Die entstehende Masse wird in
einer Zentrifuge vom Wasser befreit, und dann reifen gelassen.
Sie wird hernach unter mit Dampf geheizten Walzen behandelt,
welche so belastet sind, daß sie einen Druck von 100 Atmosphären ausüben, um ordentlich verarbeiten zu können, und
sie wird dann gemischt, indem die Blätter immer wieder über-
einandergerollt werden, bis die Mischung vollständig befriedigend
ist. Die so erhaltenen Blätter werden in Blättchen, Streifen usw.
geschnitten, wie eben nötig. Ein anderes in Italien erzeugtes
Pulver ist Solenit, welches aus 30 Teilen Nitroglyzerin, 40 Teilen
unlöslicher und 30 Teilen löslicher Nitrozellulose besteht; diese
sind so gewählt, daß der Stickstoffgehalt der beiden Nitrozellulosen zusammen durchschnittlich 12,6 Proz. beträgt. Azeton
wird hinzugefügt, um die Lösung der unlöslichen Nitrozellulose
zu befördern. Dies ist natürlich nur eine Schilderung der Erzeugung in groben Zügen, und es wäre nicht in der Ordnung,
weitere Details zu geben.

Ich sollte manches über die verschiedenen Formen sagen,
in welchen Pulver heutzutage hergestellt werden, aber ich könnte

dies kaum tun, ohne mich eingehender mit den Maschinen zu beschäftigen, welche diese Formen geben. Sie werden verstehen, daß jede Waffe ein anderes Pulver benötigen muß und in der Regel auch benötigt, um die gewünschte Geschwindigkeit zu erzielen und die gestattete Grenze des Gasdruckes nicht zu überschreiten. Es ist klar, daß es sehr leicht wäre, die Zusammensetzung in jedem Falle zu ändern, aber es ist selbstverständlich, daß ein solches Hilfsmittel gar nicht wünschenswert wäre, sowohl vom Standpunkte des Erzeugers wie vom Standpunkte des Dienstes. Man hat sonach schon zu den Zeiten des Schwarzpulvers die Gestalt und die Größe des Pulvers verändert. Wir haben dadurch Bänder in Frankreich, Schnüre in Großbritannien, Blättchen und Röhren in Deutschland, Schnüre von quadratischem Querschnitt in Italien, kurze vielgelochte Zylinder in den Vereinigten Staaten, Würfel beim Ballistit, spirales Jagdpulver in Deutschland, das „Poudre Peigne" (Spiralpulver mit kammartigen Einschnitten) gewisser französischer Erfinder usw. Außerdem können diese Pulver in verschiedenen Längen, Breiten und Dicken und mit verschiedenen Arten von Löchern, Einschnitten usw. gemacht werden. Es ist ganz unmöglich allgemeine Schlüsse zu ziehen und zu sagen, daß eine gewisse Form gut oder schlecht sei, denn sie paßt wahrscheinlich für eine bestimmte Waffe; Tatsache ist, daß bis zu einer gewissen Größe runde Körner wahrscheinlich die beste Verbrennung ergeben, und daß Schnüre oder Röhren zunächst kommen. Andererseits aber wird ein flaches Band wahrscheinlich gleichmäßiger verbrennen, obzwar wieder eine Veränderung der Verbrennungsgeschwindigkeit in gewissen Zeitabständen gerade das sein mag, was gewünscht wird.

In den letzten Jahren hat man die Überzeugung bekommen, daß ein Pulver nicht nur rauchlos, sondern auch flammenlos sein soll, um die Stellung einer angreifenden Truppe nicht zu verraten. Rauchloses Pulver zeigt eine sehr stark leuchtende Flamme, hauptsächlich infolge seiner hohen Explosionstemperatur, welche die Teilchen des Rückstandes glühend macht und auch infolge der Tatsache, daß ein Teil der Pulverladung immer unverbrannt aus dem Geschütze geschleudert wird und dem Geschosse als ein leuchtender Schweif auf eine kurze Entfernung

folgt. Das Problem ist ungefähr ähnlich dem durch Explosivstoffe für Kohlenbergwerke gebotenen, und es ist daher nicht
überraschend, daß eines der ersten Patente in dieser Verbindung das von Duttenhofer war,[12]) welches Natriumbikarbonat
zu dem Pulver hinzufügt, eine Substanz, welche die Wirkung
hat, die Flamme zu kühlen, indem sie ihr Kristallwasser und
Kohlensäure verliert. Andere Stoffe, wie Öl, Seife usw. werden
verwandt, aber die Angelegenheit ist noch nicht in einem genügend vorgeschrittenen Zustande, um darüber eine Meinung
zu gestatten.

Verschiedene Umstände bei der Fabrikation dieser rauchlosen Pulver verbinden sich, um deren Eigenschaften zu bestimmen. Militär-Pulver leiden in erster Linie durch unregel-
mäßige Schießresultate. Dies ist natürlich schlechter Zusammensetzung zuzuschreiben, sei dieselbe schon von Anfang an infolge
unzweckmäßiger Auswahl der Verhältniszahlen gegeben, oder
durch schlechte oder sorglose Erzeugung. Bei Militärpulver
sind die Zusammensetzungen und die Erzeugungsweise auf
Grund von Erfahrungs- und Prüfungsresultaten festgelegt; dies
bedingt aber die Gefahr zu enger Grenzen mit dem Resultate,
daß alles krumm geht, wenn die geringste Veränderung z. B.
in der Nitrozellulose oder in der Dicke des Pulvers vorkommt.
Im Falle von Jagdpulver ist es nötig, mit jeder kleinen Charge
Schießversuche zu machen, denn der Ruf einer Firma hängt
davon ab, daß sie Pulver vom Markte fernhält, welche in dem
geringsten Grade unzuverlässig sind. Man muß zu sorgfältigem
Vermengen greifen, um absolut gleichmäßige Resultate das
ganze Jahr hindurch zu erzielen.

Von anderen Schwierigkeiten bei der Erzeugung will ich
nur einige erwähnen. Die Behandlung eines Pulvers unter
Walzen ist in gewisser Hinsicht Sache der Schätzung. Man
mag noch so viel durch den Teig hindurchsehen, das Blatt
mag einem guten oder erfahrenen Auge ganz durchsichtig erscheinen, dennoch können kleine Nester von Nitrozellulose
lange Zeit der Lösung ausweichen. Das fortwährende Krachen,
welches man hört, wenn dünne Blätter ausgewalzt werden,
zeigt deutlich auf solche einzelne unaufgelöste Fasern hin.
Mischen in einer Knetmaschine macht die Sache nicht besser,
insbesondere nachdem die Maschinen eigentlich mangelhaft

mischen, obzwar einige von ihnen sehr gut kneten. Pulver
aus einer Form zu pressen, gibt bei kleinen Durchmessern sehr
gute Resultate, bei größeren aber hängt sehr viel von der Form
und der Abnutzung des Mundstückes, sowie seiner Stellung zwischen
mehreren anderen ab, und ob die äußere Hülle Luftblasen enthält
oder gesprungen ist. Wenn man zu viel Lösungsmittel nimmt
oder wenn die Verhältniszahlen eines gemischten Lösungsmittels
nicht entsprechend sind, so wird die Dichte und Gleichmäßigkeit des Pulvers leiden. Eine der größten Schwierigkeiten liegt
in dem ordentlichen Trocknen des Pulvers. Die kleineren
Größen von Stangen, Bändern, Röhren usw. sind leicht zu
behandeln, obzwar es scheint, als ob auch diese mehr Aufmerksamkeit erfordern würden, als bloß eine gewisse Zeit lang
in einem Trockenraume gelassen zu werden. Die größeren und
dickeren aber bedürfen oft Monate, um ordentlich zu trocknen
und man mag dann finden, daß die Außenseite z. B eines
13 mm-Zylinders voll feiner Haarrisse ist, während das Innere
noch verhältnismäßig weich blieb. Bei manchen Pulvern wird
dieser Nachteil bis zu einem gewissen Grade vermieden, indem
man etwas Lösungsmittel zurückläßt, dann aber haben wir
selbstverständlich einerseits die Schwierigkeit, nicht genau
zu wissen, wann die richtige Menge Lösungsmittel erreicht ist, und andererseits, daß man ein gewisses Risiko
einführt insofern als das Pulver mit der Zeit durch all-
mähliches Verdampfen des Lösungsmittels Veränderungen unterworfen ist.

Ich habe schon erwähnt, daß, soweit Armeepulver in Frage
kommen, es gegenwärtig nur zwei Mischungen gibt — reine
Nitrozellulosepulver und solche aus Nitrozellulose und Nitroglyzerin. Früher wurden alle möglichen Pulver gemacht, manche
davon in sehr phantastischen Mischungen, aber man hat gefunden, daß es schwer war, komplizierte Mischungen zu regeln,
und man ist deshalb zu einfacheren Kombinationen zurück-
gekehrt. Es ist nicht nötig, auf dieselben einzugehen, jedes
Buch und die Patentblätter werden die Neugierigen befriedigen.
Es gibt zwei Arten von Jagdpulvern: Die voluminösen, welche
aus durch ein Lösungsmittel bedeckten oder gehärteten Körnern
bestehen, und die sog. kondensierten Pulver, welche vollständig
gelatiniert sind und praktisch in derselben Weise gemacht wer-

den, wie die militärischen Blättchenpulver.*) Die ersten sollen eine Patrone, wie sie in den alten Schwarzpulvergewehren verwendet wurde, gerade ausfüllen. Die letzteren werden für moderne Waffen gemacht. Eine andere Art von Jagdpulver, welche eine Zwischenstellung einnimmt, wird nach Art des Walsrode-Pulvers gemacht, das eines der frühesten und ein noch heute auf dem Markte befindliches Pulver ist. Dieses wird vollständig gelatiniert, aber dann mit Wasser oder Dampf behandelt, wobei Körner gebildet werden und ein Teil des Lösungsmittels wieder ausgetrieben wird, so daß ein voluminöses aber hartkörniges Pulver zurückbleibt. Die üblichen voluminösen Pulver bestehen aus löslicher Nitrozellulose mit Kalium- oder Bariumnitrat gemischt und werden gewöhnlich in einem Kollergange oder einer Trommel verarbeitet. Die Mischung wird in einer drehbaren Trommel mit Wasser besprengt, um Körner zu bilden oder sie wird auf einen Rütteltisch gegeben, welcher kurze und rasche Schwingungen macht. Man gibt sie auch manchmal in eine hydraulische Presse und körnt den Kuchen. In jedem dieser Fälle wird das Lösungsmittel über die schon geformten Körner gesprengt.

Die kondensierten Pulver werden in der Regel hergestellt, indem man den Teig in sehr dünne Blätter auswalzt und diese dann in kleine Blättchen behufs Erzielung der notwendigen Verbrennungsgeschwindigkeit zerteilt. Solche Pulver werden ziemlich rasch getrocknet und manchmal sogar in Wasser gekocht, um das Lösungsmittel leichter zu entfernen. Die Eigenschaften, die Aufbewahrungsfähigkeit, die Vorteile und Nachteile von rauchlosem Pulver und von Explosivstoffen im allgemeinen werde ich in meinem letzten Vortrage berühren.

Seit dem Jahre 1800, als Howard das Knallquecksilber erfand, und seit dem Jahre 1815, als Durs Egg das erste Zündhütchen herstellte, wurden wenig Fortschritte in der Erzeugung dieser Gegenstände gemacht. Es ist noch immer das gewöhnliche Zündhütchen und die gewöhnliche Sprengkapsel, der einzige Unterschied ist der, daß Kaliumchlorat zum Teil in den Zündsatz gegeben wird. Für rauchloses Pulver ist eine

---

*) Die Mikrophotographien Fig. 5, 6, 7 und 8 verdanke ich Herrn Henry de Mosenthal.

Fig. 5.
Voluminöses rauchloses Kornpulver unter dem Mikroskope
im gewöhnlichen Lichte gesehen.

Fig. 6.
Voluminöses rauchloses Pulver unter dem Mikroskope
in polarisiertem Lichte gesehen.

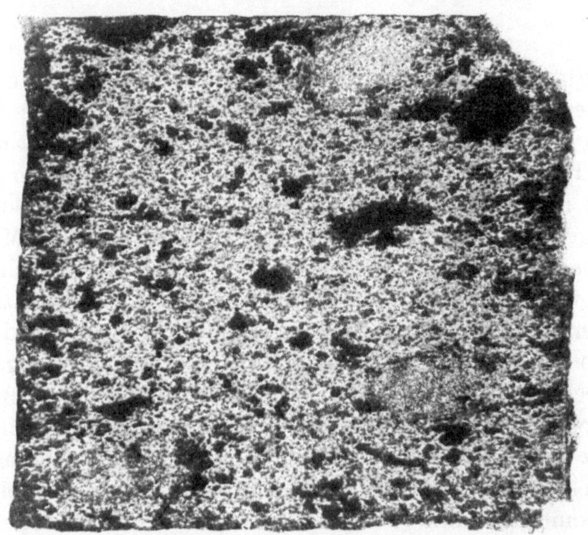

Fig. 7.

Kondensiertes rauchloses Blättchenpulver unter dem Mikroskope
im gewöhnlichen Lichte gesehen.

Fig. 8.

Kondensiertes rauchloses Blättchenpulver unter dem Mikroskope
in polarisiertem Lichte gesehen.

heißere Flamme nötig und man erhält sie, indem man einen brennbaren Stoff hinzufügt. Die Erfindung metallischer Pulver hatte auch einen Einfluß auf Knallsätze, denn Dr. Brownsdon und die Kings Norton Metal Company haben Aluminiumpulver entweder mit dem Knallsatze gemischt oder in einer Schichte oben aufgepreßt.[13]) Ganz kürzlich haben Wöhler und Matter Fulminate zum Gegenstand sehr interessanter Untersuchungen gemacht und gefunden, daß kleine Mengen von Silberazid genügen, um das Knallquecksilber zu ersetzen.[14]) Bielefeld hatte schon im Jahre 1900 gefunden, daß eine kleine Menge von Knallquecksilber, wenn sie auf Trinitrotoluol oder einen anderen aromatischen Nitrokörper gelegt wird, einen ausgezeichneten Knallsatz ergibt,[15]) und die Rheinisch-westfälische Sprengstoff-aktien-Gesellschaft in Troisdorf macht jetzt Sprengkapseln mit Tetranitromethylanilin (Tetryl genannt).[16]) Es wird behauptet, daß die Hälfte aller gegenwärtig in Deutschland erzeugten Sprengkapseln mit Trinitrotoluol hergestellt sind. Hyronimus schlägt Bleiazid $[(N_3)_2Pb]$ als einen Ersatz für Knallquecksilber vor.[17])

Die Erzeugung von Knallquecksilber wird in beinahe derselben Weise durchgeführt, wie vor 50 Jahren. Man hat die Farbe von grau auf weiß verbessert, indem man ein wenig Salzsäure und Kupfer zur Säuremischung fügt und der Alkohol wird nun aus den sorgfältig kondensierten Dämpfen wiedergewonnen. Die Mischung von Knallsatz muß in viel größerem Maßstabe durchgeführt werden wie früher. Man verwendet zwei Arten von Mischvorrichtungen, welche beide praktisch gleich sind insofern die Mischung durch die sanfte Bewegung von Gummikörpern erfolgt, und beide Apparate sind sehr sicher in der Handhabung. Der englische Mischapparat heißt der „Jellybag mixer" (Gelatine Beutelmischer), weil ein seidener Mischbeutel mit aufgereihten Gummiringen die Mischung besorgt, der deutsche Mischapparat ist schalenförmig und enthält Gummikugeln.

Der gesteigerte Bedarf für Sicherheitssprengstoffe aus Ammonnitrat hatte zur Folge, daß größere Mengen kräftigerer Sprengkapseln verwendet wurden. Zur Zeit des Kieselgurdynamites war eine Sprengkapsel Nr. 3 ganz üblich, und eine sog. „double force" (Nr. 5)-Kapsel war schon ein Luxus. Gegenwärtig benötigen fast alle Sicherheitssprengstoffe eine Kapsel Nr. 6, und die meisten Fabriken wären nur zu froh, wenn der

Bergmann dazu bewogen werden könnte, immer eine Nr. 8-Kapsel (mit 2 g Knallsatz) zu verwenden, um einer vollständigen Explosion sicher zu sein. Aus demselben Grunde hat man mit elektrischen Zündern große Fortschritte gemacht. Früher hatte man fast ausschließlich Zünder für höhere Spannung, welche durch Reibungszündmaschinen abgefeuert wurden, und Breguet war der einzige, welcher Schwachstromzünder für Bergwerke herstellte. Heutzutage bestrebt man sich, Schwachstromzünder nebst Magneto-Zündmaschinen zu benutzen, wodurch die Gefahr, die Grubengase zu zünden, sehr herabgesetzt wird. Im vorigen Jahre versuchte die Fabrik elektrischer Zünder in Köln ein System des Abtuns von Schüssen von der Oberfläche aus. Man konnte früher nur eine verhältnismäßig kurze Strecke von Draht auslegen, ohne die Stromstärke unverhältnismäßig erhöhen zu müssen, und der Schießmann mußte in der Grube Schutz suchen. Diese Firma führt Relais an verschiedenen Punkten ein, welche die Stromstärke aufrecht erhalten, so daß ein permanentes Hauptkabel bis an den Schachtrand gelegt werden kann. Nachdem jedermann die Grube verlassen hat, werden die Schüsse abgefeuert, wodurch genügend Zeit gegeben ist, um etwa verzögerte Schüsse noch explodieren zulassen.

Die Erfindung Bickfords ist in bezug auf Zündschnüre noch immer im Vordergrunde. Ich habe in meiner ersten Vorlesung die an Sicherheitszündschnüren gemachten Verbesserungen erwähnt. Es ist sonderbar, daß alle Versuche, eine Sicherheitszündschnur mit einer Seele aus rauchlosem Pulver oder einem anderen Nitrokörper herzustellen, bis jetzt ohne Erfolg waren; es scheint, daß man eine ununterbrochene Feuerleitung nicht sichern könne. Die Westphälisch-Anhaltische Sprengstoff-Aktiengesellschaft hat vor einigen Jahren eine Zündschnur dieser Art hergestellt,[18]) welche Grubengase nicht zünden sollte, und zum Gebrauche in Schlagwettergruben bestimmt war. Sie war jedoch offenbar in ihren Kinderschuhen, als ich sie versuchte, und ich habe seitdem nichts davon gehört. Später wurden schnellbrennende Zündschnüre eingeführt, von denen manche in Gruppen mit Hilfe von Pistolen und anderen Zentral-Feuereinrichtungen abgefeuert wurden. General Lauer und Herr Tirmann führten Reibungzünder ein, welche mit Hilfe von Drähten aus der Ferne gezündet werden, und in ausgedehnter Verwendung hauptsächlich in österreichischen Kohlenbergwerken sind. Girard machte „Cordeaux détonants", indem er Bleiröhren mit Nitrohydrozellulose füllte, und sie dann auf den Durchmesser gewöhnlicher Sicherheitszündschnüre auszog. Im Jahre 1906 füllte man diese Schnüre mit Melinit, und jetzt nimmt man auch Trinitrotoluol dazu, wodurch man die für Pikrinsäure-Explosivstoffe gebotenen teueren Zinnröhren durch solche aus Blei ersetzen kann.[19]) Die vollkommenste Zündschnur dieser Art ist jedoch die Momentanzündschnur, welche von General Heß erfunden und bei der österreichisch-ungarischen Armee eingeführt ist. Ursprünglich bestand sie aus einer Seele von vier Fäden, die mit Knallquecksilber bedeckt waren. Im Jahre 1903 „phlegmatisierte" Heß den Knallsatz durch Zugabe von 20 Proz. hartem Paraffin,[20]) trotzdem kann eine Anzahl solcher Zündschnüre, wenn sie durch Knoten miteinander verbunden ist, wie eine einzige Sprengkapsel detoniert werden, wodurch die elektrische Zündung und eine Sprengkapsel in jedem Bohrloche erspart wird. Diese Momentanzündschnur kann ohne Gefahr geschnitten, gehämmert, gepreßt usw. werden. Ich habe schon vor 13 Jahren es nicht verstehen können, weshalb die Privatindustrie noch nicht begonnen hatte, die Heßsche Zündschnur zum Gebrauche in Gruben zu erzeugen, insbesondere für Sicherheitssprengstoffe, zu welchem Zwecke sie leicht adaptierbar wäre. Die phlegmatisierte Zündschnur ist ein bedeutender Fortschritt und ich kann deshalb nur meine Empfehlung ernstlich wiederholen.

Je mehr die Industrie über die ganze Welt fortschritt, desto größer wurde der Kohlenverbrauch und desto häufiger ereigneten sich jene entsetzlichen Grubenkatastrophen, welche von Zeit zu Zeit das öffentliche Gefühl in Erregung versetzten.

Die britische Regierung war die erste, welche eine Schlagwetterkommission ernannte. Diese empfahl aber nur eine Schutzmaßregel in der Form einer Wasserpatrone. Dann folgten Kommissionen in Preußen, Frankreich, Sachsen und Österreich, aber keine von diesen prüfte einen Sicherheitssprengstoff vor dem September 1885. In der Versammlung am 25. Juni 1886 hat die preußische Schlagwetterkommission mit 13 Stimmen gegen 10 den Gebrauch von Dynamit gestattet, wenn weniger als 3 Proz. Methan vorhanden ist. Die Kommission war so-

gar nicht imstande, Luft, welche 3 bis 10 Proz. Methan enthielt, mit Schießbaumwolle zu entzünden. Man fand Tonit
unsicher, gepreßtes Schultze-Pulver war sicher in einer 10proz.
Gasmischung, aber man hielt es zur Zersetzung geneigt und
für sehr hygroskopisch. Die preußische Regierung baute jedoch
eine Versuchswetterstrecke in Neunkirchen und eröffnete sie
Anfang September 1885 unter Leitung des Herrn Margraf.
Dieser versuchte Hellhoffit, welches von Schmidt und Bichel
erzeugt wurde und aus Salpetersäure und Nitrobenzol bestand.
Obzwar sich dies in den üblichen Grubengasmischungen als
sicher erwieß, fand man es doch unhandlich, so daß ein anderer Explosivstoff — Karbonit — welcher von derselben
Firma erzeugt war, versucht wurde. Dieses war nur in kleinen
Mengen sicher, es wurden jedoch Verbesserungen durchgeführt,
und im September 1887 erwies sich ein Karbonit, das aus
Nitroglyzerin, Salpeter, Zellulose und geschwefeltem Öle bestand, als absolut sicher. Im Jahre 1886 versuchte Margraf
„Securit‘‘ (Dinitronaphthalin und Ammonnitrat mit einer alko-
holischen Lösung von nitriertem Harze gemischt), gegen Karbonit, und auch dieses wurde als sicher befunden. Im April
1887 versuchte er Roburit und Kinetit und im August 1887
Sodadynamit. Karbonit war sonach tatsächlich der erste
Sicherheitssprengstoff und merkwürdigerweise ist er auch bisher
noch nicht an Sicherheit übertroffen worden.

Es ist notwendig zwischen Explosivstoffen zu unterscheiden,
welche „handhabungssicher‘‘ und solchen, welche „wettersicher‘‘
sind; nur die letzteren nennt man in Großbritannien Sicherheitssprengstoffe. Es ist nicht zu verstehen, warum auf dem
Kongresse für angewandte Chemie in Rom beschlossen wurde,
das Wort Sicherheitssprengstoffe nur für solche zu benutzen,
welche handhabungssicher sind, nachdem 25jähriger Gebrauch
deutlich auf die andere Bedeutung des Wortes hinwies. Jedenfalls haben selbst diejenigen, welche diesen Vorschlag einbrachten,
es nicht vermocht, ihn allgemein zur Geltung zu bringen.

Die natürliche Frage ist: Was macht einen Explosivstoff
in Schlagwettern sicher? Ich gestehe, daß, nachdem ich die
Ansichten derjenigen, welche am meisten befähigt sind, eine
Meinung abzugeben, sorgfältigst geprüft habe, ich eine definitive Antwort nicht finden kann. Die preußische Kommission

hat einmal gesagt, daß, je brisanter ein Explosivstoff sei, desto sicherer sei er. Diese Ansicht hat den Anschein von Berechtigung, wenn man bedenkt, daß Knallquecksilber in der Regel Schlagwetter nicht zündet, während Schwarzpulver es immer tut. Diese Theorie wird jedoch durch gewisse Schwarzpulvermischungen, von denen Bobbinit die hauptsächlichste ist, widerlegt, da sie bis zu einem gewissen Grade sicher sind, und durch Nitroglyzerin und Sprenggelatine, welche nicht sicher sind.

Die französische Schlagwetterkommission konstatierte, daß eine Mischung von Methan und Luft bei 650° C. entzündet werde, aber die Entzündung ungefähr 10 Sekunden lang verzögert wird und daß deshalb eine so viel höhere Temperatur notwendig ist, daß ein Explosivstoff, dessen auf Grund thermochemischer Daten berechnete Explosionstemperatur unterhalb 1500° C ist, zur Verwendung in Schlagwettergruben gestattet werden könne. Sonderbarer Weise hat Karbonit, welches bis jetzt der sicherste Sprengstoff ist und mehrere andere, welche zum Gebrauche in Schlagwettergruben gestattet sind, eine bedeutend höhere Explosionstemperatur als 1500° C.

Herr Bichel, dem wir in Verbindung mit seinem Mitarbeiter, Dr. Mettegang, ausgezeichnete Methoden für die Prüfung von Explosivstoffen verdanken, sagt, daß die Detonationsgeschwindigkeit, die Maximaltemperatur der Verbrennungsprodukte, die Länge und die Dauer der Flamme sämtlich die Sicherheit eines Explosivstoffes ungünstig beeinflussen.[21]) Während dies zweifellos richtig ist, hat er damit die Theorien anderer verlassen, und dies vielleicht mit Vorteil. So verlangt er z. B. einen wenig brisanten Explosivstoff und kümmert sich nicht um die Explosionstemperatur, sondern um die Temperatur der Explosionsprodukte. Die Länge und Dauer der Flamme sind offenbar eine Funktion der Schnelligkeit der Explosion und der Menge ihrer Produkte. Er hielt deshalb — und nach Ansicht des Verfassers sehr richtig — die Natur der Verbrennungsprodukte von höchster Wichtigkeit, ob dieselben nun aus festen Teilchen bestehen, welche eine beträchtliche Zeit lang glühend bleiben, oder aus großen Mengen verbrennbarer Gase, welche mit großer Gewalt herausgeschossen werden. Er bestätigt damit die Richtigkeit der Versuche, die Flamme

einer Explosion zu photographieren, welche schon von Schöne-
weg, dem Erfinder des Securit, und von Siersch in Preßburg
gemacht wurden. Bichel stellte die ganze Angelegenheit auf
eine wissenschaftliche Basis und verwendete geistreiche Apparate
für die Bestimmung jedes einzelnen Faktors. Die Detonations·
geschwindigkeit kann jedoch nicht unter allen Umständen als
ein entscheidender Faktor angesehen werden. Gewisse Nitro-
glyzerinsprengstoffe, unter welche wir auch Karbonit einreihen
können, explodieren sehr viel schneller, als z. B. Bobbinit und
dennoch sind dieselben in der Wetterstrecke viel sicherer. Ich
selbst habe gefunden, daß bis zu einem gewissen Grade die
Zugabe von Pikrinsäure den Explosivstoff für die Prüfung
sicherer macht.

Man wird sich daran erinnern, daß die britische Schlagwetterkommission einen Wassermantel um die Ladung sehr
wirksam fand. In Österreich hat man dies verfolgt, indem
man nasses Moos und Sand verwandte, und so wurde die Idee,
Kristallisationswasser zu benutzen, entwickelt. Natriumkarbo-
nat, Magnesiumsulfat und andere Stoffe wurden versucht, entweder als Aufsatz auf den Explosivstoff oder als ein Bestandteil.
Man hat später die französischen Vorschläge mehr begünstigt,
und die Ansichten herrschen vor, daß die Zugabe zum Explosivstoffe ein die Flamme kühlendes Mittel in der Form von
Wasserdampf oder eines anderen Wärme absorbierenden Gases
abgeben müsse. So wurden Permanganat, Bichromate, Oxalate
und andere Salze verwendet, und in der jüngsten Zeit ist gewöhnliches Kochsalz in die Gunst gekommen.

Das einzige definitive Resultat, welches bis jetzt erzielt
wurde, ist, daß Ammonnitrat in allen Mengen sicher ist und
daß Zellulose und ähnliche Stoffe in Nitroglyzerinmischungen z. B.
Roggenmehl in Karbonit oder Holzmehl in anderen Explosivstoffen dieselben in Schlagwettermischungen sehr sicher macht.
Ammonnitrat für sich allein kann jedoch nicht verwendet
werden, obzwar es Lobry de Bruyn gelungen ist, es zu explodieren,[22]) und deshalb muß man eine brennbare Substanz hinzufügen. Es bleibt sonach nur übrig, zu bestimmen, welches
Minimum solcher verbrennlichen Substanz hinzugefügt werden
könne, um Flammen von großer Länge und Dauer zu vermeiden.

Fig. 9.
Versuchs-Wetterstrecke in Frameries.   Stirnansicht.

Die nächste Frage ist: Wie kann man wissen, ob ein Explosivstoff sicher ist?   Diese Frage zu beantworten, ist noch
viel schwieriger.   Die verschiedenen Regierungen und auch
gewisse Fabriken haben Versuchsstrecken errichtet, in welchen

Fig. 10.
Versuchs-Wetterstrecke in Frameries. Innenansicht.

Explosivstoffe in Mischungen von Luft mit natürlichem Grubengase oder mit künstlich hergestelltem Methan, Kohlengas, Ben-
zin usw. versucht werden. Ich selbst hatte die Ehre, eine
solche Versuchsstrecke für eine deutsche Fabrik zu konstru-

ieren. Diese Strecken bestehen in der Regel aus einer langen, hölzernen oder eisernen Gallerie von rundem oder ovalem Querschnitte. Der Explosivstoff wird aus einem Mörser in einem bestimmten Winkel gegen das Dach in die Gasmischung geschossen, wodurch die natürlichen Bedingungen in der Grube so nahe als möglich nachgeahmt werden. In manchen dieser Stationen kann man eine kurze Strecke für besondere Versuche abteilen. Hierzulande verwendet man ein ballistisches Pendel, um die Menge von Explosivstoff festzustellen, welche die gleiche Stärke hat wie 4 Unzen (113 g) Dynamit Nr. I; diese Menge wird in vorgeschriebener Weise besetzt und in Luft mit 15 Proz. Leuchtgas gefeuert. Wenn 20 Schüsse die Mischung nicht zünden, dann wird der Explosivstoff als sicher angesehen. In den meisten anderen Ländern bestimmt man die Menge eines Explosivstoffes, welche eine bestimmte Grubengasmischung zündet und jene, welche dieselbe noch nicht zündet. Dies gibt, was Herr Watteyne, der wohlbekannte belgische Sachverständige, die „Charge limite" eines Explosivstoffes nennt. Dieser letztere Weg ist sicherlich der rationellere, da er einen Vergleich zwischen den verschiedenen Arten von Explosivstoffen gestattet. Ist diese Art des Versuches jedoch einwandsfrei? Ich glaube nicht, obgleich ich gegenwärtig keine bessere kenne. Man hat gefunden, daß, je enger die Bohrung eines Mörsers ist, desto leichter kann unter gewissen Umständen Zündung erfolgen. Die Versuchsstrecke mit rundem Querschnitt in Woolwich, welche eine Querschnittfläche von 0,36 qm hat, ist viel empfindlicher als die elliptische belgische, deren Querschnittfläche 2 qm ist, und tatsächlich kann selbst bei gleichem Durchmesser jede Versuchsstrecke ihre eigene „Stimmung" haben, welche die Resultate beeinflußt. So haben z. B. ganz kürzlich in Frameries in einer Versuchsstrecke mit 0,28 qm Querschnittsfläche angestellte Versuche gezeigt, daß zwei Sicherheitssprengstoffe, deren „Charge limite" 900 bzw. 450 g war, schon bei 300 bzw. 75 g zündeten. Die verwandte Gasart übt auch bedeutenden Einfluß auf die Versuche aus. Es ist sehr schade, daß der auf dem Berliner Kongresse für angewandte Chemie gemachte Vorschlag, vergleichende Versuche mit verschiedenen Gasgemengen anzustellen, nicht angenommen wurde.

Man hat seit langer Zeit gewußt, daß sowohl Kohlenstaub wie Grubengas hoch explosiv sind und in den ersten Zeiten der Sicherheitssprengstoffe hat man Versuche sowohl mit Kohlenstaub allein wie mit einer Mischung von Grubengas und Kohlenstaub gemacht. Ich glaube, daß Engler, als er die Explosionen in den Kohlenmeilern des Schwarzwaldes zu untersuchen hatte,[23] zuerst zeigte, das Mischungen von Luft mit Kohle und anderen kohlenstoffhaltigen Stoffen, welche bei der Erwärmung brennbare Gase entwickeln, explodiert werden können, daß dies aber mit Holzkohle oder Ruß nicht der Fall sei. Mischungen jedoch von Kohlengas und Luft, welche so arm an Gas waren, daß sie nicht entzündet werden konnten, wurden trotzdem durch Zugabe von Holzkohlenstaub explodiert. Andere Sachverständige, z. B. Herr Simon aus Liévin, haben viele solche Versuche durchgeführt und beschrieben, während die Herren Martin und Hall, die britischen Bergwerksinspektoren, häufig und oft vergebens gegen staubige Strecken predigten. Schließlich, als das bloße Bewässern der Grubenstrecken sich als wenig erfolgreich erwies, hat die Bergwerksvereinigung von Großbritannien die Führung übernommen, und den Einfluß von Kohlenstaub auf Grubenexplosionen experimentell untersucht. Wie gewöhnlich, wenn etwas in diesem Lande geschieht, erfolgt es auch gründlich, und so hat man denn einen eisernen Zylinder, 7′ 6″ (2,286 m) im Durchmesser und 1083 Fuß (330 m) lang verwendet, um die Versuche durchzuführen. Bisher hat man festgestellt,[24] daß zwei Zonen von Steinstaub zu beiden Seiten einer Zone von Kohlenstaub den Weg einer Flamme aufhalten, und daß, wenn die Kohlenzone nicht mehr als 180 Fuß (55 m) lang ist, keine explosive Kraft ausgeübt wird. Darf ich eine alte Idee unterbreiten, welche sich auf einige meiner Patente gründet, die sich als sehr nützlich erwiesen haben? Ein Absorptionsturm hält feste, in einer Gasmischung enthaltene Bestandteile zurück und kühlt die letztere auch in sehr wirksamer Weise. Eine der besten Methoden zur Absorption ist die Erzeugung eines feinen Staubes oder Nebels von Feuchtigkeit. Es scheint ganz gut möglich, gewisse Streckenabschnitte zur Herstellung umgekehrter Absorptionstürme zu verwenden, welche in bestimmten Zwischenräumen und jedenfalls an jedem Punkte anzuordnen wären, wo eine Seitenstrecke in die Hauptstrecke einmündet. Wasser ist in der Regel genug in einer Grube zu haben, Hochdruckpumpen sind immer vorhanden, und es wäre deshalb nur nötig, eine Anzahl von Zerstäubungsdüsen, wie sie zur Absorption und zur Kühlung von Dampf in großen Zentralstationen verwendet werden, einzurichten und zu erhalten, um auf diese Weise eine Luftzone von z. B. 20 m Länge mit feinem Wassernebel zu erfüllen. Ich glaube, daß eine Anzahl solcher Zonen die stets vorhandene Gefahr der Übertragung einer isolierten Explosion auf die ganze Grube absolut verhindern würde, während sie in keiner Weise unbequem und wahrscheinlich vorteilhaft für die Bergleute wäre. Ich hoffe, diese Idee wird bald versucht werden. So viel scheint mir aus einem Studium der Resultate früherer Forscher klar zu sein, daß eine kleine Zugabe von Kohlenstaub die Explosion armer Gasmischungen befördert und daß deshalb eine Trennung des Staubes von dem Gase in manchen Fällen eine Explosion verhindern wird.

Da man nun nicht bestimmt weiß, was einen Explosivstoff in Schlagwettern sicher macht und wie dies festzustellen ist, so wäre es natürlich, eine Lösung in Resultaten aus der Praxis zu suchen. Der Verkauf einer Ware hängt nicht immer von ihrem wirklichen Werte ab, sondern sehr häufig auch von der Art, wie sie angekündigt und verbreitet wird, ob sie in dem Verbrauchslande erzeugt wird oder nicht, ob sie Nachteile besitzt, welche eine andere weniger wirksame Ware vorzuziehen gestatten, usw. Trotzdem ist es nicht unrecht, anzunehmen, daß die Statistik, welche die Menge des tatsächlichen Verbrauches von Sicherheitssprengstoffen in einem großen kohlenproduzierenden Lande, wie Großbritannien, zeigt, einen wirklichen Schluß auf die Frage gestattet, welche Explosivstoffe eine relative Sicherheit geboten haben. Der Bericht der Inspektoren der Explosivstoffe für das Jahr 1907 gibt die folgende sehr instruktive Tabelle. An einem Totalkonsum von 3 521 782 kg nahmen die auf nebenstehender Tabelle angegebenen Explosivstoffe teil.

Von diesen enthalten Saxonit, Monobel-Pulver, Karbonit, Arkit, Rippit und Stowit große Mengen von Nitroglyzerin, Bobbinit ist eine Schwarzpulvermischung, der Rest sind Ammonnitrat-Explosivstoffe.

Name des Explosivstoffes	Verbrauchte Menge kg	Prozentsatz der Totalmenge
Saxonit	780 742	22,18
Bobbinit	4₈2 224	13,69
Monobel-Pulver	322 821	9,17
Ammonit	255 105	7,25
Karbonit	250 362	7,11
Roburit	236 069	6,57
Arkit	198 576	5,64
Westfalit	184 020	5,22
Bellit	168 491	4,78
Rippit	138 986	3,95
Faversham-Pulver	101 696	2,88
Stowit	81 826	2,32
Ammonal	52 075	1,48

Aus dem Berichte über die Bobbinit-Enquete[25]) wurden die folgenden Zahlen berechnet, welche die Unglücksfälle in Kohlengruben mit verschiedenen Sicherheitssprengstoffen in den Jahren 1904 und 1905 zeigen:

	Verbrauch 1907 %	Unfälle Zahl	%	Verhältnis zum Verbrauche	Getötet Zahl	%	Verhältnis zum Verbrauche	Verletzt Zahl	%	Verhältnis zum Verbrauche
Bobbinit . . .	13,69	20	17,54	1,28	2	8,33	0,61	30	18,87	1,38
Andere gestattete Explosivstoffe . .	86,31	94	82,46	0,96	22	9,67	1,06	129	81,13	0,94

Es zeigt sich sonach, daß ein Schwarzpulvergemisch wie Bobbinit, welches in keinem anderen Lande gestattet und ohne Versuche verurteilt werden würde, den zweiten Rang im Verbrauche einnimmt, indem 13,7 Proz. des gesamten Verbrauches darauf entfallen, während Saxonit, ein Nitroglyzerinsprengstoff, mit 22,18 Proz. des Ganzen als erster rangiert.

Habe ich deshalb recht, wenn ich sage, daß es uns gelungen ist, den Verbrauch von Explosivstoffen in Kohlengruben unendlich sicherer zu gestalten als früher, daß wir aber in Wirklichkeit nicht wissen warum?

[1] „Sauf l'étonnement des aureilles, à quoy désormais chascun est apprivoisé, je crois que c'est une arme de fort peu d'effect, et espère que nous en quittons un jour l'usage."

[2] Note sur la pyroxyline ou coton-poudre, par M. Susane. Mémoires de l'académie impériale de Metz, 1855.

[3] Britisches Patent Nr. 1102 von 1865.

[4] Buch der Erfindungen, Leipzig 1866, Kapitel über Schießpulver und Feuerwaffen.

[5] D. R. P. Nr. 18950 von 1882.

[6] D. R. P. Nr. 23808 von 1883.

[7] Journal of the Society of Chemical Industry 1894, S. 575.

[8] Mémorial des poudres et salpêtres, 1890, S. 9.

[9] Britisches Patent Nr. 1471 von 1888.

[10] D. R. P. Nr. 51189 von 1889.

[11] D. R. P. Nr. 53296 von 1889.

[12] Britische Patente Nr. 19408 von 1906 und 791 von 1907.

[13] Britisches Patent Nr. 23366 von 1904.

[14] Zeitschrift für das gesamte Schieß- und Sprengstoffwesen 1907, S. 181, auch britisches Patent Nr. 4468 von 1908.

[15] Britisches Patent Nr. 20133 von 1900.

[16] Britisches Patant Nr. 13340 von 1905.

[17] Britisches Patent Nr. 1819 von 1908.

[18] Britisches Patent Nr. 2225 von 1898.

[19] Artilleristische Monatshefte, August 1908.

[20] Mitteilungen über Gegenstände des Artillerie- und Geniewesens, 1907, S. 115.

[21] Glückauf, 1904, Nr. 35.

[22] Recueil des travaux chimiques des Pays-Bas, 1891, S. 127.

[23] Chemische Industrie, 1885, Nr. 6.

[24] Coal Dust Experiments, The Times, 24. September 1908.

[25] Report of the Departmental Committee on Bobbinite, London 1907.

IV.

Es sind noch einige Anwendungsarten der Explosivstoffe zu erwähnen, und dann können wir zu allgemeinen Betrachtungen übergehen.

Nitrozellulose hat einen großen Wirkungskreis für andere Zwecke als rauchloses Pulver oder Dynamit gefunden. Die Zelluloidindustrie, welche von den Brüdern Hyatt eingeführt wurde und in neuerer Zeit die Kunstseideindustrie verbrauchen enorme Mengen. Die Vereinigten Staaten von Amerika erzeugen jährlich ungefähr 4000 Tonnen Zelluloid, Deutschland 15000 und die übrige Welt 5000 Tonnen, von welchem jährlichen Totale von 24000 Tonnen Großbritannien ungefähr 2 Proz. erzeugt. Hierzu werden ungefähr 14000 Tonnen Nitrozellulose pro Jahr benötigt. An künstlicher Seide werden jährlich 5000 Tonnen erzeugt, obzwar nur ungefähr 200 in England.*)

Der Bedarf für Firnisse, wie Pegamoid, Fabrikoid usw., zum Herstellen und Tauchen von Gasglühlichtmänteln, für Lösungen zum Wasserdichtmachen, für Glanzleder (Nitrozellulose in Amylazetat gelöst und mit Anilinschwarz gemischt) und für photographische Zwecke ist auch bedeutend. Wie ich schon erwähnte, verwenden alle diese Industrien nunmehr Baumwolle, nachdem das Endprodukt viel verläßlicher ist und zugleich wertvolle Eigenschaften besitzt, welche in aus Holzstoff, Papier usw. erzeugter Nitrozellulose notwendigerweise abwesend sind. Dies ist insbesondere der Fall mit künstlicher Seide, für welche Zähigkeit und Dehnbarkeit der gesponnenen Faser ebenso

*) Nach Dr. Richard Schwarz gibt es gegenwärtig in Europa 30 Fabriken von Kunstseide, und die Weltproduktion betrug im Jahre 1907 3,3 Millionen Kilogramm, wovon 1,5 Millionen nitrozellulose Seide, 1,3 Millionen Glanzstoff und 0,5 Millionen viskose Seide. (Neue Freie Presse, Wien. 5. Januar 1909).

wichtig sind, wie das viskose und doch leichte Austreten aus dem Mundstücke des „Seidenwurmes". Die Löslichkeit der Nitrozellulose in einer bestimmten Mischung von Ätheralkohol im Betrage von 2 Proz. mehr oder weniger ist keineswegs unwichtig, da dies 10 Proz. mehr eines sehr teuern Lösungsmittels bedeuten könnte. Wenn Sie bedenken, daß eine dieser Fabriken, welche ich ganz kürzlich wieder zu besuchen Gelegenheit hatte, 3000 kg Seide pro Tag erzeugt, so werden sie eine Idee der in Frage kommenden Summen erhalten.

Die Nitrozellulose für alle diese Industrien sollte in Ätheralkohol vollkommen löslich sein oder im Falle von Firnis im Methylalkohol. In Fabriken kann man natürlich Vollkommenheit nie erreichen und obwohl dies im Falle von Zelluloid nicht so wichtig ist, so muß man doch für Kunstseide und Firnisse besondere Mittel anwenden, um die Lösungen durch Filtrieren von unaufgelöster Faser vollständig zu befreien. Es ist auch nötig, beim Trocknen Trübung zu vermeiden, was häufig Feuchtigkeit zuzuschreiben ist.

In keinem dieser Fälle wird die Zellulose gepülpt, sondern die ganze Faser wird aufgelöst. Ich fürchte, die Reinigung wird häufig nicht so weit getrieben als dies bei gehöriger Rücksicht auf die Stabilität des fertigen Zelluloids geschehen sollte. Bei künstlicher Seide scheint die Tatsache, daß die Nitrozellulose denitriert wird, darauf zu deuten, daß eine gründliche Reinigung unnötig ist, aber die Seidenfaser, welche aus gut stabilisierter Nitrozellulose hergestellt ist, hat eigene gute Eigenschaften. Dasselbe kann man von Firnis bemerken, obzwar in diesem Falle eine geringe Azidität in einem gewissen Stadium des Verfahrens den Vorteil hat, die Nitrozellulose leichter löslich zu machen. Dies wurde auch durch die Untersuchungen von Lunge und Suter gezeigt.

Die Erzeugung dieser Nitrozellulosen ist auch in anderer Hinsicht verschieden. Wenn man mit so großen Mengen zu tun hat, wird alles rasch und mit so wenig Handarbeit als möglich ausgeführt. So werden die Säuren gemessen und nicht gewogen, was ebenso genau ist. Die nitrierte Baumwolle wird manchmal in hydraulischen Pressen ausgedrückt und die Abfallsäure fließt durch eiserne Kanäle in ein großes Reservoir, in welches gleichzeitig ein Strom von Mischsäure fließt. Der Einlauf ist, in bezug auf die Dauer jeder Operation, so geregelt, daß die Zusammensetzung der Mischsäure ziemlich konstant bleibt, und ein genügend gleichmäßiges Produkt ergibt. Die Nitrozellulose für Kunstseide wird nicht vollständig getrocknet, sondern von 12 bis 30 Proz. Wasser werden darin gelassen. Manche Patentinhaber beanspruchen besondere Vorteile und selbst eine besondere chemische Reaktion für eine Veränderung von 5 Proz. Wasser auf oder ab. Die weiteren Stadien in der Erzeugung von Kunstseide, nämlich Lösung, Filtrieren, Spinnen, Denitrieren, Konditionieren usw. haben so gut wie keinen Bezug auf Explosivstoffe und sollen daher nicht weiter besprochen werden.

Um vollständig zu sein, muß die vorgeschlagene Verwendung von Explosivstoffen als Betriebskraft erwähnt werden. Ich erinnere mich sehr wohl, daß man mir im Jahre 1878 in Wien eine Maschine zeigte, welche durch kleine Ladungen von Dynamit betrieben werden sollte. Um deren Ungefährlichkeit zu zeigen, machte der Erfinder das Modell vollständig aus Holz. Ganz kürzlich wurde wieder mein Rat gesucht um rauchloses Pulver für Flugmaschinen zu verwenden. Um Beispiele aus der Praxis zu geben, sind Shaws Rammen, welche durch Pulver betrieben werden, historisch, und die Nietmaschine von Bender,[1]) welche Ladungen von rauchlosem Pulver verwendete, war wirklich in Tätigkeit, obzwar ich nicht weiß, ob sie ein geschäftlicher Erfolg war. Verschiedene Patente[2]) wurden für Motoren und Kompressoren genommen, welche durch Explosivstoffe betrieben werden.

Ein Bericht über den Fortschritt in Explosivstoffen wäre unvollständig, wenn die Bedingungen, unter welchen sie erzeugt werden, nicht erwähnt würden.

Jeder Mann, der wie ich Gelegenheit hat, Explosivstoff-Fabriken in verschiedenen Umständen von Wirksamkeit zu sehen, kann sich recht wohl den Zustand kleiner Werke ausmalen, wie er zu einer Zeit war, als Vorschriften und Inspektionen noch nicht existierten. Bei großen Fabriken kamen zu viele Interessen in Frage und deshalb hat man immer einige Vorsichtsmaßregeln getroffen, obzwar selbstverständlich nicht in dem Maße wie gegenwärtig. Der verstorbene Sir Vivian Dering Majendie verdient eine dauernde Anerkennung dafür, daß er die ausgezeichnete Explosivstoffakte vom Jahre 1875 geschaffen hat. Artillerie-General-Ingenieur Heß war als Hauptmann nebst Hauptmann Trauzl in der Lage, den Transport von Dynamit auf den österreichischen Eisenbahnen durchzusetzen und bald darauf schlug er eine mit dem britischen Gesetze so gut wie identische Sprengmittelverordnung vor, welche auch im Jahre 1877 erlassen wurde. Der Einfluß des britischen Gesetzes und vielleicht in demselben Grade der Jahresberichte der britischen Explosivstoff-Inspektoren auf die Anordnung und Konstruktion von Gebäuden und Maschinen, auf die allgemeine Reinlichkeit der vorgenommenen Operationen und auf die Sicherheit der Arbeiter gegen Unfall, kann kaum überschätzt werden, und dem in Großbritannien gegebenen Beispiel wurde bald über die ganze Welt gefolgt.

Bei der Anordnung von Gebäuden wird jetzt Rücksicht auf die Gefahren genommen, welche infolge der Art der Arbeit und der Menge der behandelten Stoffe entstehen. Die brisanten Explosivstoffe haben uns unglückseligerweise mit Explosionsgefahren bekannt gemacht, welche in den Tagen des alten Pulvers unbekannt waren, und um diesen Wirkungen zu begegnen, hat der Verfasser kürzlich die Konstruktion von Gefahrsgebäuden in einer besonderen Art von Eisenbeton (s. Fig. 11) vorgeschlagen.[3]) Die Gebäude sind so konstruiert, daß herumfliegende brennende Trümmer die Dächer nicht durchschlagen und zerstören können; zu gleicher Zeit wird der, aus der Entfernung durch den Boden übertragene Stoß der Explosion die Seitenwände nicht auseinandertreiben. Dieser Vorschlag wurde von einer Anzahl von Fabrikanten sehr günstig aufgenommen und wurde auch schon an verschiedenen Stellen angenommen. Die Armatur eines solchen Gebäudes bildet einen Faraday-schen Käfig und macht das ganze blitzsicher. Dies ist von Wichtigkeit, nachdem die Blitzschutzvorschriften die Sicherheit der Gebäude nicht sonderlich erhöht haben, trotz Blitzableiterkonferenzen und Untersuchungen. Maschinen, welche an dem Tage eines Gewitters eine Prüfung in befriedigender Weise bestanden haben, explodierten durch Blitzschlag, und nichts weniger als ein Käfig oder zum mindesten ein vollständiges System von leitendem Netzwerk über und auf den Gebäuden scheint wirksam zu sein.

Die Konstruktion der diese Gebäude umgebenden Erdwälle scheint auch von einem Wechsel der Ideen berührt worden zu sein, und die alte Art der Errichtung von Steinwällen kommt wieder in Gunst. Der Verfasser hat kürzlich die Wirkung einer

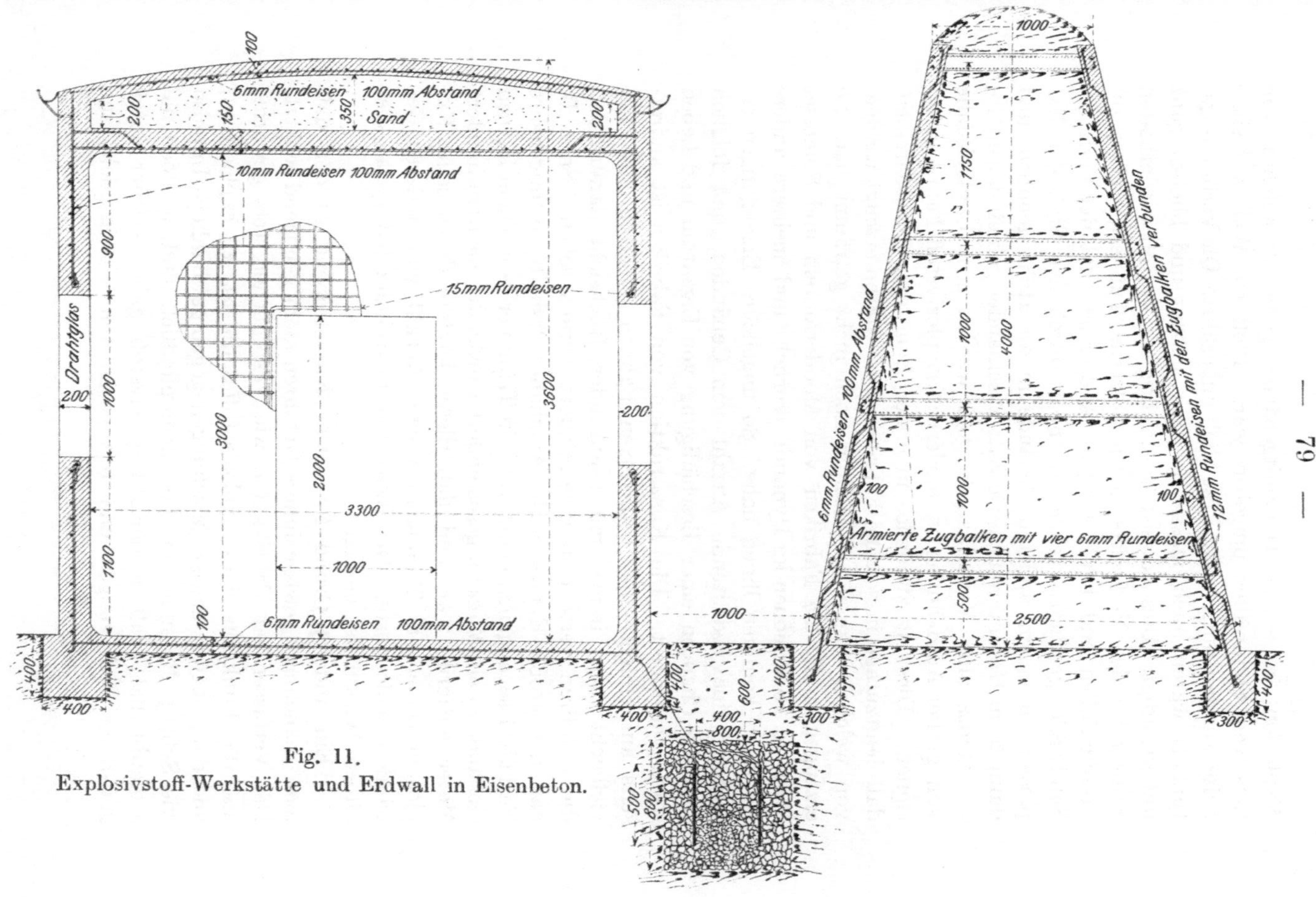

Fig. 11.
Explosivstoff-Werkstätte und Erdwall in Eisenbeton.

Explosion in einem Dynamitgebäude gesehen, welches von massiven Steinwällen umgeben war. Bloß ein Wall auf einer Seite war gesprungen, der Rest blieb unberührt. Die Verbindungstunnels waren auch massiv in Stein gebaut und blieben ganz unbeschädigt. Dies beweist die Richtigkeit des oft wiederholten Einwandes des Verfassers gegen hölzerne Tunnels, welche zusammenfallen und Feuer fangen. Andrerseits hat der Verfasser Sandwälle gesehen, welche offenbar durch den Stoß der Explosion in einem anderen Gebäude in die Höhe gehoben, und dann beim Herunterfallen wie Kitt auseinander gebreitet wurden.

Trotz aller Vorsichtsmaßregeln werden sich Unglücksfälle von großer Ausdehnung in modernen Explosivstoff-Fabriken ereignen. Dies ist zweifellos in erster Linie dem zuzuschreiben, daß heutzutage in solchen Fabriken Quantitäten erzeugt werden, von welchen man vor 30 Jahren noch nicht geträumt hat. So erzeugen z. B. die Fabriken von Modderfontein und Somerset West je 10 Millionen kg Dynamit jährlich, und mehrere andere Fabriken kommen ihnen nahe. So ungeheure Erzeugungen erfordern eine bedeutende Anzahl von Gebäuden, und folglich sind die Chancen einer Beschädigung von Eigentum und Leben stark vergrößert. Die Konstruktion von Fabriken ist andrerseits auf einigermaßen orthodoxen Bahnen fortgeschritten und vielleicht nicht immer mit genügender Rücksicht darauf, daß die Gefahren verteilt und vermindert werden sollen. So z. B. hat die große Explosion in Avigliana deshalb so ungeheure Verhältnisse angenommen, weil ein Trümmer von einem kleinen Gebäude in ein Magazin geschleudert wurde, das mehrere hundert Meter entfernt war, und daß dieses letztere durch seine Explosion seinerseits Trümmer in eine Anzahl von anderen Gebäuden schleuderte. Die Explosion in Dömitz hat genau dieselben Wirkungen gezeigt.

Ein anderer Grund für solche Katastrophen ist der, daß man manchmal gewisse innere Gefahren nicht genügend schätzt. Der Verfasser hat Fabrikanten wie Verbraucher stets gewarnt, daß die Funktion eines Explosivstoffes die ist, zu explodieren, und daß, obzwar gewisse Mischungen gegen gewöhnliche Impulse wie Schlag, Reibung usw. fast unempfindlich sind, er doch nie geglaubt hat, daß es einen Explosivstoff gäbe, welcher unter günstigen Bedingungen und mit geeigneten Mitteln nicht zur

Explosion gebracht werden könnte. Es ist richtig, daß kontinentale Eisenbahnen gewisse Explosivstoffe, wie z. B. Ammonnitrat-Mischungen, mit gewöhnlichen Zügen befördern, und der Autor glaubt, daß dies ein Beispiel ist, welches von britischen Eisenbahngesellschaften im besten Interesse des Publikums mit Sicherheit befolgt werden könnte. Keiner dieser Explosivstoffe ist gefährlich, wenn er sich in sicherer Verwahrung eines Eisenbahnwagens befindet, und wenn er nicht mit gefährlichen Stoffen in Berührung kommt. Selbst Feuer wird noch nicht schaden, denn es ist sehr schwer diese Stoffe zu entzünden und beinahe unmöglich, sie brennend zu erhalten, so daß solche Waren sehr bald aus dem Wege geräumt werden können. Wenn jedoch, wie dies in Witten der Fall war, große Mengen solcher Explosivstoffe zugleich mit Trinitrotoluol und anderen Stoffen zusammen gehäuft oder nahe beieinander aufbewahrt werden, dann kann niemand das Resultat voraussehen. Es war immer eine weise Regel, jedes Risiko zu isolieren.

Man wird ebenso nicht mehr Unkenntnis vorschützen dürfen, nachdem eine Anzahl von Explosionen mit Pikrinsäure und Pikraten, Kaliumchlorat und dergleichen ordentlich untersucht und über dieselben berichtet wurde. Katastrophen wie die von Manchester, Griesheim und St. Helens sollten nicht mehr vorkommen.

Noch eine andere Warnung an Fabrikanten mag am Platze sein. Moderne Explosivstoffe haben Gefahren eingeführt, welche der früheren Generation von Pulvermachern und selbst Dynamitfabrikanten langer Existenz unbekannt waren. Aus dem, was über den Einfluß hoher Temperatur auf die Nitrozellulose gesagt wurde, folgt, daß besondere Aufmerksamkeit darauf verwendet werden muß, die Anhäufung von Abfällen an Orten, welche der Wärme ausgesetzt sind, zu vermeiden. In der französischen Pulverfabrik von Saint - Médard konnte eine im Jahre 1891 stattgefundene Explosion mit Sicherheit auf Schießwollstaub zurückgeführt werden, welcher sich in den Verbänden und Sprüngen eines hölzernen Gebäudes angesammelt hatte.[4]) Beobachten aber Fabriken selbst heute schon alle Vorsichtsmaßregeln um die Anhäufung von Schmutz dieser Art zu verhindern? Der Verfasser hat Gründe, dies zu bezweifeln, und ein Reinemachen in einer Pulverfabrik, welches er vor kurzem gesehen hat, war geeignet, einem Blinden die Augen zu öffnen. Er kann nur die beteiligten Personen warnen, daß jedes Gebäude, in welchem sich explosiver Staub ansammeln kann, jeder Apparat und jedes Werkzeug darin, in regelmäßigen Zwischenräumen und gründlich gereinigt und instand gesetzt werden soll. Dies ist besonders nötig im Falle von Werkstätten zum Trocknen, Körnen und Sieben, und die Rahmen, Siebe usw. darin, deren Konstruktion auch so sein soll, daß so weit als möglich jede Ansammlung von Explosivstaub verhindert wird. Man denke sich einen Trockenrahmen, welcher unterhalb mit Leinwand bespannt ist und auf welchem das ganze Jahr hindurch Schießbaumwolle oder rauchloses Pulver getrocknet wird, und man frage sich, was die chemische Stabilität des Staubes nach einjährigem Aussetzen einer Temperatur von 40^0 (manche Fabriken trocknen bei 50^0) sein muß und ob ein, auf einem solchen Rahmen getrocknetes Material in gerechter Weise behandelt wurde. Ich hoffe, diese Warnung wird die Veranlassung sein, daß viele Gebäude und Vorrichtungen zu ihrem Vorteil überprüft werden.

In den letzten 20 Jahren haben wir eine enorme, durch die Elektrizität hervorgerufene Entwicklung gesehen. Als der Verfasser im Jahre 1885 den kühnen Plan hatte, elektrisches Licht in einer Dynamitfabrik am Vierwaldstättersee einzurichten, gab es nur eine Nebenschluß-Dynamomaschine, und sie wurde durch ein Wasserrad von 10 m Durchmesser angetrieben. Die Beleuchtungskörper mußten alle besonders gemacht werden, da keine zu kaufen waren. Dieses kühne Wagnis wurde gebührend bestraft, indem ein Gewitter den Mühlkanal so überschwemmte, daß das Wasserrad eine, für die Dynamomaschine fatale Geschwindigkeit erreichte. Ein Jahr später richtete der Verfasser Compound-Dynamomaschinen in einer italienischen Fabrik ein, aber ein Blitz schlug in die nackten oberirdischen Drähte ein. Glücklicherweise wirkte die große Anzahl der zurzeit brennenden Lampen als Blitzableiter. Im Jahre 1900 war die Schweizer Dynamomaschine schon in der geschichtlichen Abteilung der Ausstellung im Kristallpalaste zu London ausgestellt und jetzt, nachdem Waltham Abbey den Weg zeigte, scheint eine Explosivstofffabrik ohne elektrisches Licht und ohne einen kleinen Motor neben Gebäuden oder an Maschinen selbst undenkbar, während sogar das Trocknen von empfindlichen

Mischungen dadurch erfolgt, daß elektrische Widerstände als vollkommen regulierbare Wärmequelle dienen.

Moderne Explosivstoffe haben andrerseits gleichfalls elektrische Gefahren gebracht. In der ersten Vorlesung wurde die Möglichkeit der Entzündung einer Preßladung von Schwarzpulver dadurch gezeigt, daß statische Elektrizität zwischen Preßplatten aus Ebonit sich ansammeln könne. Nitrozellulose wird durch den über sie beim Trocknen streichenden warmen Luftstrom elektrisch gemacht, und die notwendige Erdleitung wurde zuerst von Walter F. Reid vorgeschlagen und in vielen Fällen durch den Verfasser selbst konstruiert. Mischmaschinen für Sprenggelatine und rauchloses Pulver, besonders diejenigen, welche mit einer Umsteuerung und einander entgegen laufenden Riemen versehen sind, haben oft lange Funken gegeben, wenn sie nicht genügend mit der Erde verbunden waren. Dies wurde in Waltham Abbey dadurch verhindert, daß man die Riemen mit Glyzerin tränkte. Während der Behandlung wird Pulver selbst Elektrizität erzeugen. Ein Arbeiter stand in Ardeer auf einem mit Blei bedeckten Fußboden mit Gummi besohlten Schuhen und arbeitete an einer Aufspulmaschine, wobei er die Pulverfäden durch seine rechte Hand ziehen ließ. Um einen zerrissenen Faden zu kitten, tauchte er den Finger seiner linken Hand in eine Schale mit Azeton, dabei fühlte er einen Schlag, und ein Funken strömte von seinem Finger in das Azeton. Versuche zeigten, daß dieses Resultat unter diesen Bedingungen stets zu erhalten war, wenn man aber einen Messingnagel durch die Sohle steckte und damit den Mann durch den Bleifußboden mit der Erde leitend verband, dann geschah nichts.[5] Seit dieser Zeit wurden Schuhe mit Kupfernieten sowohl in Ardeer wie in Waltham Abbey eingeführt. Ätherdämpfe, welche aus dem rauchlosen Pulver entwickelt werden und mit Luft gemischt sind, können durch einen sehr kleinen Funken gezündet werden, daher muß besondere Vorsicht gebraucht werden, damit sich dieselben nicht bilden können. Der Verfasser hatte kürzlich einen ernsten Unfall dieser Art zu untersuchen. Blättchenpulver wurde in einem mit Messingdraht bedeckten Sichtezylinder gesiebt, die Beschickung war gerade am Ende, fast alles Pulver war bereits entfernt worden, und nur wenige Kilogramm verblieben in drei

Holzfässern unter den Auslaufgossen des Sichtezylinders. Plötzlich hörte man ein spratzendes Geräusch, und das ganze Pulver fing Feuer. Einer der zwei im Gebäude anwesenden Arbeiter blieb am Leben und aus seiner Aussage ist nicht zu zweifeln, daß die beiden Arbeiter vom Pulver weit entfernt waren, und daß dieses von niemandem berührt wurde. Verfasser hatte nur den Schluß, daß in dem Sichtezylinder Elektrizität erzeugt wurde, welche am Ende der Arbeit einen Öffnungsfunken bildete und den mit feinem Pulverstaub gemischten Ätherdampf entzündete.

Die Erzeugung von brisanten Explosivstoffen erscheint selbst erfahrenen Chemikern als eine einfache Arbeit und als einzige Schwierigkeit nur die Gefahr bei dem Verfahren. In Wirklichkeit starrt sie von Schwierigkeiten. Eine große Anzahl wurde schon erwähnt und einige andere und besondere Punkte sind der Erwähnung wert.

Glyzerin ist ein gleichförmiger, leicht zu reinigender Körper, und sein Salpetersäure-Ester, das Nitroglyzerin, obzwar besonders im gefrorenen Zustande gegen Schlag empfindlich, ist doch ein chemisch stabiler Explosivstoff, der für den Dienst der Menschheit gezähmt und angespannt wurde. Die meisten Nitrokörper der aromatischen Reihe besitzen große chemische Beständigkeit; viele von ihnen haben vielleicht giftige Eigenschaften, sie können aber sonst mit vollkommener Sicherheit behandelt werden. Es gibt aber zwei bemerkenswerte Ausnahmen unter den gegenwärtig verwendeten Explosivstoffen: Pikrinsäure und Nitrozellulose.

Pikrinsäure ist ein tückischer Körper. Sie ist sehr kräftig, aber das ist ihr einziges Verdienst. Die, welche sie verwenden, mögen durch den Rauch eines frühzeitig explodierenden Schusses erstickt werden, die welche angeschossen werden, mögen sich manchmal darüber freuen, wenn sie versagt. Es bedarf besonderer Mischungen, um zu verhindern, daß sie erst bei hoher Temperatur schmelze, und sie greift ihren metallenen Behälter an, um ein gefährliches Pikrat zu bilden. Als Bestandteil von anderen Explosivstoffen ist sie wertlos, da sie infolge ihrer sauren Eigenschaften auf die anderen Bestandteile einwirkt. Überdies ist sie imstande, andere Säuren zu verdrängen, z. B. Salpetersäure aus Nitraten, eine unangenehme Eigenschaft, welche Erfinder zu ihrem Schaden auch herausgefunden haben. Wie Montaigne, sage auch ich: „Ich hoffe, daß wir es eines Tages aufgeben werden, sie zu benutzen."

Ein noch unbequemeres Material ist nitrierte Baumwolle. Wie schon erwähnt, ist Baumwolle einer der kompliziertesten bekannten Stoffe, und aus irgendeiner unerklärten Ursache haben wir die Gewohnheit, dieselbe in einem wenig wünschenswerten Zustande der Reinlichkeit, welcher einer Mißhandlung folgt, zu benutzen. Im besten Falle haben wir in nitrierter Baumwolle einen beinahe unkontrollierbaren Stoff. Er ist in einem solchen losen Gleichgewichtszustande, daß die geringste Reaktion ihn aufhebt. Es ist deshalb nicht zu wundern, daß, wenn man Nitrozellulose mit einem anderen Explosivstoff wie Nitroglyzerin mischt, um rauchloses Pulver herzustellen, sie weniger verläßlich wird und auf das Nitroglyzerin schädlich einwirkt. Dies wird noch augenfälliger bei Gegenwart eines anderen störenden Faktors wie Wärme oder ein Alkali. Ich habe aus Kisten von Gelatindynamit buchstäblich Nitroglyzerin tropfen sehen, weil eine kleine Menge von Ammonkarbonat, welche als sogenannter Stabilisator zugesetzt war, die Zersetzung eines Teiles der Nitrozellulose herbeiführte, und diese bis zu einem solchen Grade fortschritt, daß die Saugfähigkeit der nitrierten Baumwolle aufgehoben war. Es ist Tatsache, daß jede Base, wie schwach sie auch sein möge, die Nitrozellulose allmählich verseift, und obzwar selten eine gefährliche Zersetzung stattfindet, so würde doch schlechtes Bestehen der Wärmeprobe daraus folgen, und die Nitrozellulose würde von den Behörden zerstört werden. Kalk im Wasser macht bei dieser Wirkung keine Ausnahme.

Der Fall wird in Gegenwart von Wärme stark erschwert. Es ist wohl bekannt, daß gut gereinigte Schießbaumwolle in allen Klimaten aufbewahrt wurde ohne zu beunruhigenden Zersetzungen Anlaß zu geben, selbst wenn die Temperatur über die normale war. Nitroglyzerin und Nitrozellulose, von denen jede für sich eine Jodkaliumprobe von sagen wir 20 Minuten geben würde, können jedoch, wenn sie gemischt sind, vielleicht nicht mehr als 10 Minuten diese Probe bestehen. Es ist eine bequeme Entschuldigung, zu sagen, daß dies einer Änderung des physikalischen Zustandes zuzuschreiben sei, aber für eine solche Behauptung hat man bisher keine Beweise gegeben, und ich wäre sehr neugierig, sie kennen zu lernen.

Die Menge von salpetriger Säure, welche nötig ist, um das Testpapier zu färben, ist so klein (nach Will[6] ist sie nur 4×10^{-5} mg $= 0,0000016\,^0/_0$ oder ungefähr 1 in 60 Millionen für ein Muster von 2,5 g), daß, wie immer sein physikalischer Zustand sein möge, genug von dem Stoff an der Oberfläche exponiert ist, um in der vorgeschriebenen Zeit diese Menge von Gas zu geben, wenn der Explosivstoff eine geringe Beständigkeit hätte. Es ist wohl viel berechtigter, anzunehmen, daß zwischen Nitroglyzerin und Nitrozellulose bei der erhöhten Temperatur der Wärmeprobe (82⁰ C) eine chemische Reaktion stattfindet, bei welcher die Nitrozellulose zuerst angegriffen wird, die entwickelten nitrosen Gase auf das Nitroglyzerin einwirken und auf diese Weise die Zersetzung beschleunigen.

Wir kommen nunmehr zur Behandlung, welche das Pulver während der Erzeugung erfährt. Ob es unter mit Dampf geheizten oder unter Hochdruck stehenden Walzen durchläuft, ob es stundenlang in einer Mischmaschine geknetet wird, ob es aus einer Düse gepreßt und dabei infolge fehlerhaften Zustandes oder schlechter Konstruktion derselben eine unnötige Menge von Druck und Reibung ausgeübt wird, ob es wochen- und monatelang bei Temperaturen über die normale getrocknet wird, alles zielt darauf hin, das Gleichgewicht der Nitrozellulose zu zerstören. Schon vor Jahren hat der Verfasser gezeigt, daß es für Mischungen wie Sprenggelatine oder rauchloses Pulver einen kritischen Punkt um 45⁰ C herum gibt, und doch wird diese Temperatur während der Erzeugung häufig erreicht und manchmal überschritten.

In manchen Ländern wird die Wärmeprobe noch bei einer Temperatur von 65⁰ C ausgeführt, und wenn der Explosivstoff dieselbe 30 Minuten lang aushält, so wird das Resultat als befriedigend angesehen; wie oft sehen wir aber diese Temperatur während der Erzeugung erreicht und stundenlang aufrecht erhalten! Ist das vernünftig?

In einer Pulverfabrik fand der Verfasser, daß sich die Wärmeproben von Tag zu Tag änderten, und daß die ballistischen Versuche voll Überraschungen waren. Eine Untersuchung zeigte, daß die Temperatur im Trockenhause schlecht kontrolliert wurde, besonders bei Nacht, und zwischendurch auf 50 und 60⁰ stieg. Eine einfache Anordnung, welche es unmöglich machte, mehr Wärme einzuführen als zur Aufrechterhaltung der gewünschten Temperatur nötig war, änderte sofort alles. Nebenbei sei bemerkt, daß der Verfasser nur einmal einen elektrischen Alarmthermometer einrichtete und ihn bald aufgab, da er zu häufig und unnötigerweise in Gang gebracht wurde und alarmierte.

Wir wollen nun annehmen, daß wir alle Vorsichtsmaßregeln bei der Erzeugung des Explosivstoffes getroffen haben, welcher nun in bezug auf Reinheit seiner Bestandteile und auf die Sorgfältigkeit der Herstellung nichts zu wünschen übrig läßt, und deshalb in dieser Hinsicht vollkommen ist. Wie es sorgfältigen Fabrikanten geziemt, die sich davor fürchten, ihre Ablieferungen zurückgewiesen zu bekommen, wünschen wir unter anderen Dingen die Beständigkeit des Explosivstoffes zu prüfen, und wir wenden uns um Anleitung an die kaufenden Militärbehörden oder an die Inspektionsbehörden. Bis vor etwa 10 Jahren wurde uns überall gesagt, und es wird uns noch in diesem Lande so beschieden, daß der Explosivstoff auf eine Temperatur, die zwischen 65 und $82^2/_9{}^0$ C wechselt, erhitzt werden muß, ohne dabei z. B. innerhalb 10 Minuten genügend Dämpfe von salpetriger Säure zu entwickeln, um Jodkalium-Stärkepapier zu färben. Die Sonderbarkeiten dieser Probe sind sehr unterhaltend. Der Verfasser war der erste, welcher vor 11 Jahren zeigte,[7] daß dieselbe verdeckt und gefälscht werden könne und alles was hierzulande geschehen ist, war, die Vorbereitung des zu prüfenden Musters sorgfältig zu regeln, damit alle, die Probe störenden Elemente ausgeschieden seien. Dies kann natürlich nicht immer sicher gestellt werden. Bei rauchlosen Pulvern z. B. wird das Mahlen und nachherige Trocknen nicht alles Lösungsmittel entfernen, besonders nicht von hart getrocknetem Pulver. Wenn Azeton oder Essigäther das Lösungsmittel ist, so wird die Wärmeprobe nicht das wahre Maß der Beständigkeit sein, sondern nur ein Beweis, daß das in Frage stehende Muster einem Normalmuster gleichkommt, dessen Reinheit, zusammen mit der darin belassenen Menge von Lösungsmittel, verhindert, daß innerhalb einer gewissen Zeit auf dem Testpapier eine Reaktion sichtbar werde. Mit anderen Worten, das geprüfte Muster ist nicht mehr maskiert wie das Normal-Muster. Diese zwei Faktoren können jedoch in den beiden Mustern ganz verschieden sein. Das Jodkaliumstärkepapier ist ein ungewisser Faktor. Man muß bei seiner Herstellung besondere Vorsichtsmaßregeln ergreifen, während auch sogar die Dicke des Papieres von so störendem Einfluße ist, daß die Papiere aus einer amtlichen Quelle beinahe den doppelten Test geben wie die aus einer anderen. In einem Falle mußten Proben mit einer großen Anzahl von Mustern angestellt werden, und man verwendete vier verschiedene Papiere, welche von Chemikern der Behörden hergestellt wurden. Man fand es jedoch unmöglich, gleichmäßige Resultate zu erzielen.

Verschiedene andere, in gleicher Richtung sich bewegende Versuchsmethoden wurden vorgeschlagen, um die Jodkaliumprobe zu ersetzen, es würde aber keinen besonderen Nutzen haben, dieselben hier zu beschreiben. Manche sind von den Fehlern der Jodkaliumprobe frei, aber keine einzige derselben ist eine wahre Probe auf Beständigkeit. Die Jodkaliumprobe, sowie die Diphenylaminprobe, wenn sie stets unter denselben Bedingungen ausgeführt werden, sind als erste Kontrolle für die Fabrikation genügend gut, wenn man nämlich beurteilen will, ob ein Explosivstoff von anhaftenden Unreinlichkeiten genügend befreit wurde. Diese Proben zeigen jedoch nicht, ob das Material selbst so beschaffen ist, um stabil zu bleiben. Dies ist vielleicht im Falle von Nitroglyzerin oder einem aromatischen Nitrokörper mit ihrer verhältnismäßig einfachen Struktur von geringerer Wichtigkeit, aber es ist von größter Bedeutung für Nitrozellulose bei welcher die Wärmeprobe nach der Ansicht der meisten Sachverständigen von geringem Werte zur Beurteilung des fertigen Produktes ist. Heß hat schon im Jahre 1879 gesagt,[8]) daß ein Explosivstoff gut widerstehen mag, und die Unreinlichkeiten mögen in so kleinen Mengen vorhanden sein, um unfähig zu sein, eine Zersetzung der Hauptbestandteile einzuleiten; in diesem Falle würden bloß Spuren der Zersetzung auftreten. Nach ihrem Erscheinen jedoch würde ein weiterer Verlauf der Zersetzung entweder längere Zeit nicht bemerkbar sein oder unter den Bedingungen des Versuches überhaupt nicht stattfinden. Er fand, daß dies bei mehreren Arten von Schießbaumwolle zutraf.

Um über die Beständigkeit zu urteilen, muß man den kritischen Punkt finden, bei welchem ein Explosivstoff zusammenbricht. Es ist notwendig, zu bestimmen, ob die Zersetzung regelmäßig oder in gefährlichem und wechselndem Maße stattfindet, wenn dieser Punkt überschritten wird. Eine Anzahl von Proben wurde vorgeschlagen, um diese Bedingungen zu erfüllen. Sie beruhen sämtlich auf dem Grundsatze, daß eine kleine Menge des Explosivstoffes auf eine Temperatur erwärmt wird, welche verhältnismäßig rasch die Zersetzung einleitet und doch genügend Zeit gibt, um zwischen den Resultaten zu unterscheiden. In Frankreich war diese Temperatur 110° C, aber alle modernen sogenannten Zerstörungsproben werden zwischen 130 und 135° C ausgeführt.

Es war wieder Heß,[8]) welcher schon im Jahre 1879 die Zeit zu bestimmen versuchte, innerhalb welcher die Zersetzung stattfindet, wenn man einen Luftstrom über den erwärmten Explosivstoff leitet, und die gebildeten Gase in einer Jodkaliumlösung auffängt. Diese Probe wurde bei niedriger Temperatur ausgeführt und dauerte länger als einen Tag. Er gab auch eine manometrische Probe an, bei welcher der in der Zeiteinheit entwickelte Gasdruck gemessen wurde. Will[9]) machte die ganze Frage zum Gegenstande höchst interessanter Studien und ersann eine Methode, mittels welcher das Maß der Zersetzung genau und quantitativ in kurzen Zeitintervallen bestimmt werden konnte. Bergmann und Junck[10]) schlugen eine andere Probe vor, bei welcher das in einer bestimmten Zeit entwickelte salpetrigsaure Gas in Wasser absorbiert und seine Menge sodann bestimmt wurde. Obermüller[11]) andrerseits mißt den, bei konstantem Volumen ausgeübten Druck. Alle diese Proben erfordern viel Zeit und fortwährende Überwachung durch einen Chemiker. Der Verfasser hatte Gelegenheit, vergleichende Versuche mit all den vorgeschlagenen Methoden zu machen, zum Teil in Verbindung mit den Herren William Macnab und G. W. Macdonald, und er ist zu dem Schlusse gekommen, daß eine schnelle und verläßliche Methode die ist, den Explosivstoff in langen Glasröhren zu erhitzen, welche in ein mit einem Rückflußkühler versehenes Bad von Amylalkohol eingetaucht sind, und die Zeit zu bemerken, welche bis zum Erscheinen einer Färbung der Röhren verstreicht. Der Verfasser fand, daß diese Methode den Vergleich mit allen anderen sehr gut aushält. Geheimrat Professor Will hat im Jahre 1902 gezeigt,[12) daß, wenn man Nitrozellulose auf eine Temperatur von 135° C erhitzt, die abgegebene Menge von Gasen proportional der verlorenen Menge Stickstoff ist. Bei der Besprechung dieses Resultates[13)] schlug der Verfasser eine einfache Probe vor, bei welcher mit Hilfe einer empfindlichen Hebelwage oder durch andere Mittel der Gewichtsverlust eines Musters beobachtet und bestimmt werden könnte. Diese Probe wird jetzt geprüft, und die bisher erzielten Resultate sind sehr ermutigend.

Betrachten wir nunmehr die Art, in welcher die Frage der Stabilität in der Praxis behandelt wurde. Die österreichische Verordnung vom 2. Juli 1877 schreibt im § 51 vor, daß die Temperatur in den Magazinen nach Anzeige eines darin stets befindlichen Thermometers 35° C nicht übersteigen dürfe. Natürlich hat niemand eine solche Temperatur konstant aufrecht erhalten, außer er hat aus irgendeinem Grunde den Explosivstoff trocknen wollen. Der Verfasser fand, daß die Dauer der Wärmeprobe durch eine Steigerung der Temperatur um 5° C nur die halbe Zeit beträgt, und Will hat dies bestätigt, indem er nachwies, daß das Volumen der entwickelten Gase gleichzeitig verdoppelt wird. Dies ist jedoch nur für Temperaturen über 45° C richtig, welches der kritische Punkt für Nitrozellulose ist. Unterhalb 40° C steigt die Beständigkeit eines ordentlich hergestellten Explosivstoffes außerordentlich rasch, und man kann mit Sicherheit annehmen, daß unter 20° seine Stabilität für immer gesichert ist.

Diese Annahme hat sich in der Praxis bewährt. Der Verfasser kennt nicht einen einzigen authentischen Fall der Zersetzung in einem Explosivstoffmagazin, wo die Temperatur innerhalb der gestellten Grenzen gehalten wurde.

Diese einfache Vorsichtmaßregel wurde jedoch in sehr vielen Fällen, sowohl durch die Marine wie die Heeresbehörden vernachlässigt. Es war und ist noch üblich, auf Kriegsschiffen die Munitionslager und Pulvermagazine in die nächste Nähe der Dampfkessel und Dampfmaschinen zu verlegen, manchmal ohne jede Ventilation, während häufig Explosivstoffe aller Art nebeneinander liegen. Vor 14 Jahren hat der Verfasser diese Anordnung gerügt[14)] und auf die daraus entstehenden Gefahren hingewiesen. Es hat eines Dutzend von Explosionen auf Kriegs-schiffen und eines Unglücksfalles wie des auf der „Jena" bedurft, bevor man alarmiert wurde und nunmehr installieren alle Flotten in aller Eile Kühlapparate. Dies ist ja wohl recht schön, wenn der Apparat nur nicht in dem kritischen Augenblicke versagt, aber ist es denn Schiffskonstrukteuren unmöglich, einen anderen Ort für die Munition zu finden? Warum sich die Mühe so vieler Vorsichtsmaßregeln geben, wenn es nicht unmöglich sein sollte, die Ursache der Schädigung ganz zu beheben?

Dieses Anordnen der Munitionslager an unrechter Stelle ist nur in geringem Maße durch die Tatsache gemindert, daß vor 20 Jahren die Erzeugung von rauchlosem Pulver eben begonnen hatte, und daß niemand viel über dieselben wußte. Noch ärger jedoch war das Vorgehen vieler Regierungen, welche sofort ihre eigenen Pulverfabriken errichteten, ohne Erfahrungen in der Erzeugung von Nitrokörpern zu besitzen, welche sie hätten leiten können, und indem sie sich darauf verließen, was Privatfabrikanten ihnen zu zeigen sich herbeiließen, oder was sie selbst durch Versuche herausfinden konnten. Manche dieser Pulver, welche vor 15 und 20 Jahren gemacht wurden, sind noch im Dienste und jetzt Gegenstand mißtrauischer Beobachtung.

Es ist trotzdem nicht gerechtfertigt, den ganzen Vorwurf auf die Explosivstoffladung zu wälzen. Wie würden die Zünd- und Knallsätze, welche in Geschützladungen und Granaten verwendet werden, sich unter ungünstigen Umständen verhalten? Knallquecksilber, Kaliumchlorat, Schwefelantimon, Pikrinsäure und andere Chemikalien sind in solchen Sätzen enthalten, und es ist fraglich, ob dieselben stets in ordentlicher Weise auf Reinheit und Beständigkeit unter allen Umständen geprüft werden. Es ist richtig, daß Heß gezeigt hat,[15]) Knallquecksilber könne durch fortgesetztes Erwärmen vollständig unschädlich gemacht werden, aber die meisten Nitrokörper explodieren, wenn sie plötzlich erhitzt werden, und wie die bei langsamem Erhitzen gebildeten Zersetzungsprodukte auf die anderen Bestandteile einwirken würden, bleibt noch zu erforschen.

Da die Erfinder befürchteten, daß rauchlose Pulver nicht beständig seien, was in den ersten Zeiten der Fabrikation nicht ohne Berechtigung war, so begannen sie sich nach sogenannten „Stabilisatoren“ umzusehen, d. i. nach Zusätzen, welche die, bei der Zersetzung freigewordene salpetrige Säure neutralisieren würden. Dr. Duprés Versuche[16]) hatten gezeigt, daß die Zugabe eines Alkalis nicht wünschenswert sei und die vom Verfasser ausgesprochene Ansicht[17]) wurde oft billigend zitiert, daß in einem ordentlich hergestellten Explosivstoffe ein Neutralisationsmittel unnötig ist, und schließlich sogar schädlich sein könne. Man hat deshalb an andere Zusätze gedacht, welche auf die Salpetersäureester keine Wirkung hatten. Manche Leute dachten, daß, wenn man in dem Pulver etwas Alkohol zurücklasse, so würde es als Stabilisator wirken, und um bei der Lagerung das rasche Entweichen des Lösungsmittels zu verhindern, wurde ein wenig Amylalkohol hinzugefügt und auf diese Weise der Siedepunkt des Lösungsmittels erhöht.[18]) Tatsache ist jedoch, daß dies lediglich eine Absorbierung der salpetrigsauren Dämpfe bedeutet, was nicht verhindern würde, daß sie beim Erwärmen wieder abgegeben würden.

Es ist besser Stabilisatoren hinzuzufügen, welche beständige Verbindungen mit der Salpetersäure eingehen, z. B. Anilin, das die Nobelsche Fabrik in Avigliana schon vor 24 Jahren in ihrer Schießbaumwolle benutzte, und welches sowohl sie wie die italienische Regierung dem Ballistit beigeben. Diphenylamin und wie behauptet wird auch Vaselin wirken in ähnlicher Weise. Es besteht ein großer Unterschied zwischen solchen wirklichen Stabilisatoren und alkalischen Neutralisatoren. In letzterem Falle werden Nitrite gebildet, welche bei verlängerter Erwärmung fortwährend salpetrige Säure frei machen, und wieder aufnehmen, sonach als Katalysatoren wirken. Die aus Stabilisatoren gebildeten beständigen Verbindungen wie Amidoazobenzol und andere aromatische Nitrokörper halten die salpetrige Säure zurück und verwandeln sonach die Reaktion in eine langsame und regelmäßige, welche das Pulver in gutem Zustande erhält, solange noch etwas vom Stabilisator übrig bleibt. Die Zeit innerhalb welcher ein Pulver in gutem Zustande verbleibt, wird deshalb lediglich von seiner ordentlichen Zusammensetzung und Erzeugung abhängen. Es ist möglich, daß eifrige Verteidiger der Jodkaliumwärmeprobe wieder über eine Vereitelung ihrer Probe klagen werden, es gibt aber augenscheinlich gute und triftige Gründe dafür, daß solche Zugaben als nützlich betrachtet werden, und man wird sie deshalb als berechtigte Bestandteile des Pulvers ansehen müssen. Dies ist bereits in einigen Fällen geschehen.

Stabilisatoren wie Diphenylamin und Anilin verraten auch ihre Gegenwart, sobald das Pulver schlecht wird, nachdem die mit denselben durch die Wirkung der salpetrigen Säure gebildeten Verbindungen sich als Punkte oder Streifen von eigentümlicher Farbe zeigen, die sich entweder in der Schattierung oder in der Stärke, je nach dem die Zersetzung fortschreitet, ändern. Seitdem die französische Kommission über den Unglücksfall auf der „Jena" diese Tatsache betonte, welche in Deutschland und in Italien bereits bekannt war, spricht jedermann von „Révélateurs", der Zugabe eines Indikators als einer Panacea. Der Verfasser betrachtet diese Zusätze jedoch als eine überflüssigerweise alarmierende Einrichtung wie einen Alarmthermometer, welcher bei unter ordentlichen Bedingungen eingelagertem Pulver unnötig ist, aber Befehlshaber von Kriegsschiffen veranlassen würde, ihre Lager nach der leisesten Andeutung nervös zu beobachten, ohne daß sie jedoch ein auf hoher See verwendbares Mittel dagegen hätten. Dies ist ungefähr wie das Stück Lackmuspapier, welches nach der österreichischen Verordnung vom Jahre 1877, wie ich glaube, noch immer in jede Kiste Dynamit zu geben ist, trotzdem dasselbe bei der gegenwärtigen Vervollkommnung der Erzeugung ganz unnötig ist. Die ganze Idee ist nicht neu, sie wurde im Jahre 1871 von Nicholson und Price patentiert.[19])

Während der Verfasser die Zugabe von wirklichen Stabilisatoren als eine wichtige Verbesserung ansieht, kann er die Frage des rauchlosen Pulvers dadurch nicht als ganz genügend gelöst betrachten.

Man muß nach einem Explosivstoff streben, welcher dauerhaft und beständig ist unter allen gewöhnlichen Bedingungen der Verwendung und selbst unter manchen außergewöhnlichen, gerade so wie dies beim alten Schwarzpulver der Fall ist. Nach der Ansicht des Verfassers — und seine Meinung wird von sehr hervorragenden Kollegen geteilt, — ist es nicht zweifelhaft, daß nitrierte Baumwolle (und was das betrifft, irgendeine andere Nitrozellulose) kein geeigneter Bestandteil für ein

Armeepulver ist. Da er eine Anzahl von Fabriken gebaut und rekonstruiert, und sicher die Hälfte aller in Europa befindlichen Schießbaumwollfabriken gesehen hat, so glaubt er mit einiger Autorität sprechen zu können. Rekapitulieren wir doch die Nachteile der Schießbaumwolle. Aus einem Material hergestellt, welches höchst komplex und geeignet ist, unbeständige Verbindungen zu bilden, ziehen wir es vor, dieses in einer Form zu verwenden, welche weder rein, noch von gleichmäßigem Wachstum, noch selbst von stets gleicher Zusammensetzung sein kann. Die Bedingungen der Erzeugung sind solche, daß, wenn nicht besondere Vorsichtsmaßregeln getroffen werden, die nitrierte Baumwolle unbeständige Verbindungen zurückhält und zur Zersetzung geneigt ist. Unter dem Einflusse von Wärme, von gewissen Zugaben oder Bestandteilen, von ungeeigneter Behandlung oder Reibung kann die nitrierte Baumwolle sich zersetzen und in einer progressiven Weise auf die anderen Bestandteile einwirken. Sie benötigt ein Lösungsmittel um in einen physikalischen Zustand gebracht zu werden, welcher gestattet die Verbrennung des Pulvers zu regeln. Wenn dieses Lösungsmittel flüchtig ist, bedarf es langdauernder Erwärmung um es so vollständig als möglich auszutreiben. Diese Erwärmung trägt dazu bei, die Lebensdauer des Pulvers zu verkürzen, und etwa zurückbleibendes Lösungsmittel beeinflußt die ballistischen Eigenschaften. Nitrozellulose ist keineswegs eine gleichmäßige Verbindung und es ist fast unmöglich sicher zu stellen, daß jede Arbeitscharge dieselbe Zusammensetzung und Wirkung habe. Die letztere hängt keineswegs davon ab, daß der Stickstoffgehalt stets der gleiche sei, obzwar diese Bedingung durch geeignete Vermengung zu erreichen ist, z. B. hat eine Mischung von löslicher und unlöslicher Nitrozellulose nicht dieselbe Wirkung wie eine direkt hergestellte Nitrozellulose, obzwar beide denselben Stickstoffgehalt besitzen mögen.

Man wird nun natürlich fragen: Was wird das Pulver der Zukunft sein? Wenn es gestattet ist zu prophezeien, so kann gesagt werden, daß die Zukunft einem stabilen Nitrokörper der aromatischen Serie gehört, vielleicht in Verbindung mit Nitroglyzerin. Solche Nitrokörper wurden bereits vorgeschlagen und früher oder später wird einer gefunden werden, der allen Ansprüchen genügt. Obzwar jede Regierung nur schwer zu einem

Wechsel zu haben sein wird, so ist es doch wahrscheinlich, daß, nachdem man gelernt hat, den Wert wissenschaftlicher Forschung zu schätzen, eine der Regierungen einen kühnen Sprung machen wird, und dann werden die andern bald nachfolgen.

[1] Britisches Patent Nr. 26801 vom Jahre 1898.

[2] Britische Patente Nr. 961 vom Jahre 1874, 24742 vom Jahre 1904, 28376 vom Jahre 1904, 22125 vom Jahre 1905.

[3] Explosions and the Building of Explosives Works, Journal of the Society of Chemical Industry 1908, Nr. 13.

[4] Mémorial des Poudres et Salpêtres 1894, S. 7.

[5] Report of H. M. Inspectors of Explosives 1901, S. 37.

[6] Dr. W. Will, „Untersuchungen über die Stabilität von Nitrozellulose", 2. Mitteilung. Der Grenzzustand der Nitrozellulose in quantitativer Beziehung, Neubabelsberg 1902, S. 28.

[7] The chemical stability of nitro-compound explosives. Journal of the Society of Chemical Industry, 30. April 1897.

[8] Mitteilungen über Gegenstände des Artillerie- und Geniewesens 1879, S. 345.

[9] Dr. W. Will, „Untersuchungen über die Stabilität von Nitrozellulose", 1. Mitteilung. Beurteilung der Haltbarkeit von Nitrozellulose Neubabelsberg 1900.

[10] Zeitschrift für angewandte Chemie 1904, S. 982.

[11] Mitteilungen aus dem Berliner Bezirksverein des Vereins deutscher Chemiker 1904, Heft 2.

[12] Dr. W. Will, „Untersuchungen über die Stabilität der Nitrozellulose", 2. Mitteilung. Der Grenzzustand der Nitrozellulose in quantitativer Beziehung, Neubabelsberg 1902.

[13] Chemische Zeitschrift 1902, S. 371.

[14] Journal of the Society of Chemical Industry 1904, S. 583.

[15] Britische Patente Nr. 3238 vom Jahre 1902 und Nr. 13845 vom Jahre 1902.

[16] Report of Her Majesty's Inspectors of Explosives 1887, S. 21.

[17] Die Industrie der Explosivstoffe, Braunschweig 1895, S. 381.

[18] Chambre des Députés, Rapport sur les causes de le catastrophe de l'Jena, Paris 1907.

[19] E. C. Nicholson and A. P. Price, Britisches Patent Nr. 2430 vom 15. Sept. 1871.

Anhang I.

Nr. 21/208.

Beschreibung der Herstellungsweise eines chemischen Schieß- und Sprengpulvers, für dessen Privilegierung ich unter heutigem Datum das Gesuch eingereicht habe.

Man verwende zur Herstellung gedachten Pulvers Laubholz, und zwar am zweckmäßigsten Erlenholz, das in den Wintermonaten gefällt wird. Alle übrigen Holzsorten sind nicht so zweckentsprechend. Die Beschreibung der Herstellungsweise gedachten Pulvers ist in zwei Hauptmomente zu teilen, und zwar in

  I. Die mechanische Behandlung des Holzes

und in

  II. Die darauf folgende chemische Behandlung desselben.

I. Die mechanische Behandlung des Holzes.

Man forme das Holz durch zweckdienliche Instrumente in derartige kleine Körper, die, nach eingetretener Trocknung derselben, der Größe der Körner des allgemein bekannten schwarzen Schieß- und Sprengpulvers gleich sind.

II. Die chemische Behandlung dieser so erhaltenen Holzkörperchen, welche wiederum bei der Beschreibung in fünf Momente zu teilen ist, und zwar in:

  a) Entfernung der Säuren und leichtlöslichen Stoffe,

  b) Entfernung der eiweißhaltigen Stoffe,

  c) Entfernung der Färbestoffe,

  d) Behandlung mit Salpetersäure,

  e) Schwängerung mit Sauerstoff und Stickstoff enthaltenden Salzen.

  a) Entfernung der Säuren und leichtlöslichen Stoffe.

Nachdem man in einen Kessel (ein kupferner ist vorzuziehen) so viel Wasser getan hat, in dem 100 Pfund der unter I erhaltenen Holzkörner schwimmen können, löse man in diesem Wasser 3 Pfund kohlensaures Natron auf; hierauf tue gedachte 100 Pfund Holzkörner hinein und koche das Ganze 3—4 Stunden, nach welcher Zeit man die unrein gewordene Flüssigkeit abgießt und durch neue ersetzt, die dieselbe Auflösung von kohlensaurem Natron enthält, und nachdem man die Körner wieder 3—4 Stunden gekocht hat, setzt man sie 24 Stunden kaltem fließenden Wasser aus.

b) Entfernung der eiweißhaltigen Stoffe.

Nachdem die Körner die unter a) beschriebene Behandlung erlitten und nachher getrocknet worden, tue man sie in ein Gefäß mit siebartigem Boden und lasse 15 Minuten lang so stark Dampf durch dieselben gehen, daß mit Hilfe von Umrühren die eiweißhaltigen Stoffe von den Körnern ablösen und fortgeführt werden, wonach die Körner 24 Stunden lang kaltem fließenden Wasser ausgesetzt und dann getrocknet werden.

c) Entfernung der Färbestoffe.

Nachdem die Körner die unter b) beschriebene Behandlung erfahren haben, bewirkt man die Entfernung der Färbestoffe entweder durch Anwendung einer Auflösung von Chlorkalk oder durch Anwendung von Chlorgas, bei welcher Wahl nur ökonomische Gründe mitsprechen.

Wenn Chlorkalk gebraucht werden soll, so löse man 15 Pfund desselben in 260 Pfund Wasser in einem dann lufdicht zu verschließenden Gefäße auf. Man tue die Holzkörner in ein Gefäß und gieße soviel von obiger Auflösung auf dieselben, daß sie durch die Flüssigkeit gedeckt sind, wobei Rücksicht zu nehmen ist. daß die Körner Flüssigkeit durch Aufsaugen absorbieren. Nachdem die Körner 2 Stunden lang in dieser Flüssigkeit herumgerührt worden, werden sie in frischem fließenden Wasser gewaschen, sodann in frisches Wasser getan und bis zum Siedepunkte aufgekocht, wonach sie 24 Stunden lang frischem fließenden Wasser ausgesetzt und nachher in gemäßigt warmer Luft getrocknet werden.

Wenn Chlorgas beliebt wird, so läßt man dasselbe solange durch ein Gefäß mit siebartigem Boden, in das die Körner getan sind, durchströmen, bis die Entfärbung derselben eingetreten ist, worauf sie in fließendem Wasser gewaschen und in gemäßigt warmer Luft getrocknet werden.

d) Behandlung der Holzkörner mit Salpetersäure,

nachdem sie die unter c) beschriebene Behandlung erlitten haben.

Man nehme 40 Gewichtsteile konzentrierter Salpetersäure, die mindestens ein spezifisches Gewicht von 148° haben muß, mische dieselben mit 100 Gewichtsteilen Schwefelsäure, die mindestens ein spezifisches Gewicht von 184° haben muß, rühre beide 2 Stunden lang durcheinander und stelle es kalt. Nun tue man 100 Gewichtsteile dieser Mischung in ein eisernes Gefäß, welches man dadurch, daß man es in kaltem fließenden Wasser aufgestellt, stets kalt erhält, oder auf andere Weise diesem Zwecke entspricht und rühre allmählich unter beständigem Umrühren 6 Gewichtsteile Körner hinein. Nachdem man die Körner 2 Stunden lang in den Säuren herumgerührt hat, trocknet man sie vermittels einer Zentrifugalmaschine oder ähnlicher Vorkehrung und setzt sie 2 Tage lang kaltem fließendem Wasser aus, wonach man sie in einer schwachen Auflösung von kohlensaurem Natron bis zum Siedepunkte aufkocht. wonach sie wiederum 24 Stunden lang fließendem kalten Wasser ausgesetzt und dann getrocknet werden.

**e) Schwängerung der Körner mit Sauerstoff und Stickstoff
enthaltenden Salzen,**

nachdem sie die unter d) beschriebene Behandlung durchgemacht haben.

Hierzu wird Salpeter im Verbande mit salpetersaurem Baryt oder Salpeter allein verwendet, was durch ökonomische Gründe bedingt wird. Wird Salpeter im Verbande mit salpetersaurem Baryt beliebt, so löst man 22,5 Gewichtsteile Salpeter und 7,5 Gewichtsteile salpetersaures Baryt und 220 Gewichtsteile Wasser von 112° Fahrenheit auf, worin man 100 Gewichtsteile Körner tut und sie 10 bis 15 Minuten herumrührt. Wird Salpeter allein beliebt, so löst man 26 Gewichtsteile desselben in 220 Gewichtsteilen Wasser von 67,5° Fahrenheit auf, worin man 100 Gewichtsteile Körner hineintut und 10 bis 15 Minuten herumrührt. In beiden Fällen werden die Körner nachher bei einer Temperatur von 100° bis 112° Fahrenheit getrocknet.

Dieses durch die bisher beschriebene Fabrikationsweise erzeugte Präparat ist ein vollständig brauchbares und dem allgemein im Gebrauche stehenden schwarzen Schießpulver weit überlegenes Pulver von **gelber Farbe**, das jedoch seinem Gewichte gegenüber so voluminös ist, daß es für Rohre mit sehr kleinem Raum zur Aufnahme der Ladung nicht, und für Sprengzwecke nicht ökonomisch verwendbar ist, weil es im letzteren Falle zu große, d. h. zu kostspielige Bohrlöcher erfordert, weshalb ich in der Bearbeitung dieses Pulvers, um es für alle Zwecke verwendbar zu machen, fortfahre, wie nachfolgende Beschreibung der Herstellungsweise lehrt.

Behandlung des chemischen Schießpulvers mit Alkohol und Äther.

Man nehme 5 Volumen reinen Äther und 1 Volumen absoluten reinen Alkohol und tue beides in ein luftdicht verschlossenes Gefäß. Hierauf tue man in ein Gefäß, das ebenfalls luftdicht verschließbar ist, das vorhin erzeugte gelbe chemische Schießpulver und lasse von der Mischung von Äther und Alkohol soviel in dieses Gefäß hinein, als zur vollständigen Sättigung des Pulvers nötig ist. In diesem Bade belasse man das Pulver, je nach dem Zwecke, den man beabsichtigt, und je nachdem das Pulver grob- oder feinkörnig ist, von 3 bis 30 Minuten.

Die Einwirkung gedachter Badeflüssigkeit bewirkt die Auflösung der Zellulose, d. h. im vorliegenden Falle die Auflösung der Holzfaser in den Pulverkörnern, und zwar tritt je nach der Länge des Bades und je nachdem das Pulver grob- oder feinkörnig ist, diese Auflösung in kürzerer oder längerer Zeit ein.

Beabsichtigt man, das in das Bad geschüttete Pulver in seiner Körnerform aufrecht zu erhalten, so darf man das Bad nicht so lange andauern lassen, bis die Holzfaser in den Körnern gänzlich aufgelöst ist, sondern nur so lange, bis diese Zerstörung nur in der äußeren Wandung der einzelnen Pulverkörner bewirkt ist und ferner muß man, wenn man die Badeflüssigkeit hat ablaufen lassen und man die Körner ausgebreitet hat, jeden Druck auf dieselben vermeiden, wenn sie übereinander geschichtet sich befinden, weil solcher sofort einen festen Körper bilden würde, sondern man muß diese Körner beständig rühren und zugleich allmählich soviel trockene ungebadete Pulverkörner zwischen streuen bis die Neigung des Klebens aufgehört hat. Man kann dieses Zutun ungebadeter Körper unterlassen, wenn man durch andere Vorkehrung, z. B. Hinzuführung von Luft, die die gebadete Körnermasse in Bewegung erhält, das Zusammenkleben verhindert. Hierauf trocknet man das Pulver erst 12 Stunden bei 24⁰ R. und dann 24 Stunden bei 40⁰ R. Beabsichtigt man das Pulver aus festen Körpern herzustellen, so lasse man das Bad so lange innerhalb von 30 Minuten andauern, bis diejenige Auflösung der Holzfaser eingetreten ist, die nötig zu dem beabsichtigten Zwecke ist, wobei in allen Fällen das in das Bad geschüttete Körnerpulver sich in eine breiartige Masse verwandelt haben muß, die man dann 12 Stunden lang bei 15⁰ bis 24⁰ R. (je nachdem die Masse Durchmesser hat) trocknet, wodurch sie in eine teigige biegsame Substanz verwandelt sein wird, die man durch Benutzung von Formen und Pressen in jede beabsichtigte Gestalt bringen kann, welche Gestalten man dann behufs Trocknung erst 24 Stunden lang einer Wärme von 24⁰ R. und dann einer solchen von 40⁰ R. aussetzt, die man dann auf 24 Stunden dauern läßt. Durch die Trocknung erhalten diese Körner die Festigkeit des Holzes.

Durch die mehr oder weniger vollständige Auflösung der Holzfaser in den Pulverkörnern und durch die größere oder geringere Pressung der dadurch erzeugten zuerst brei- und dann teigartigen Substanz wird die Geschwindigkeit der Gasentwickelung dieses Pulvers erzeugt oder vielmehr bedingt und auf Erfahrung gestützte Regeln befähigen den Fabrikanten, dieselbe mathemathisch genau regeln zu können. Noch bemerke ich, daß die Bezeichnung reiner Äther und absoluter Alkohol sagt, daß ersterer chemisch rein sein und letzterer mindestens 96⁰ Tralles haben muß.

Durch diese hiermit vollständig abgeschlossene Beschreibung der Fabrikationsweise des chemischen Schieß- und Sprengpulvers habe ich die Erzeugung von drei Arten dieses Pulvers nachgewiesen.

A. Die ursprüngliche Art in Körnerform von gelber Farbe, zu deren Herstellung kein Äther und Alkohol verwendet worden ist.

B. Die nach Anwendung von Äther und Alkohol entstandene Art in Körnerform.

C. Die nach Anwendung von Äther und Alkohol entstandene Art in beliebiger Gestalt fester Körper. B und C sind von brauner Farbe. Es bleibt noch übrig, mich auszulassen über die Eigenschaften dieses chemischen Pulvers gegenüber dem bis jetzt allgemein gebrauchten schwarzen Pulver, und werde ich bei der Besprechung dieser Eigentümlichkeiten der drei verschiedenen Arten zur Bezeichnung derselben nur stets der Kürze halber die angeführten Buchstaben A, B, und C benützen.

Die Eigenschaften von A sind folgende:

1. Sein Dampf beim Schießen ist so durchsichtiger Art, daß bei schnell aufeinanderfolgenden Schüssen oder vielen Schüssen zu gleicher Zeit und an derselben Stelle das Auge des Schützen nie behindert wird, das Ziel zu sehen.

7*

2. Es hat einen viel geringeren Knall, als das schwarze Pulver, was für Schiffe und Kasematten wesentlich ist.

3. Es hinterläßt nur sehr geringen, trockenen, ascheartigen Rückstand, der stets durch den folgenden Schuß fortgenommen wird, so daß das Innere des Flinten- und Kanonenrohres stets metallrein und dem Geschoß die Möglichkeit gelassen bleibt, die Züge zu respektieren.

4. Es bedarf nur der Hälfte des Gewichts des schwarzen Pulvers, um das Geschoß ein Drittel weiter zu tragen, und ist seine Anfangsgeschwindigkeit um ein Viertel größer.

5. Es hat bei diesem Pulver das Geschoß eine bis zur Hälfte größere Rasanz, was Vorteile für den Bau der Gewehre erzeugen wird, z. B. beim Armeegewehr das Fortfallen des Klappvisiers.

6. Sein Effekt ist ein stets gleichmäßiger, weil die gaserzeugenden Motive nicht aus der mechanischen Mischung fester Körper hervorgehen, sondern als Flüssigkeit den einzelnen Körnern zur Aufsaugung dargeboten werden.

7. Es ist in bezug auf Fabrikation gefahrlos.

8. Es ist in bezug auf Aufbewahrung gefahrlos, da es nur explodiert, wenn es wie im Gewehrlauf oder in dem zu sprengenden Stein eingesperrt ist, sonst aber nur mit heller Flamme verbrennt.

9. Der Transport ist gefahrlos und sogar absolut gefahrlos selbst bei zufälligem Hinzutreten von Feuer, bei Verpackung in Säcken oder im nassen Zustande, denn

10. die Feuchtigkeit tut diesem Pulver gar keinen Schaden, und bedarf es, wenn es monatelang voll Wasser gesättigt gewesen ist nur der Trocknung, um seinen ganzen früheren Effekt zu haben.

Außerdem, daß die beiden Pulversorten B und C alle die soeben genannten Vorzüge mit besitzen, haben sie noch folgende:

1. Die Folge der Einwirkung des Bades von Äther und Alkohol ist die Auflösung der Holzfaser im Kollodium, was zur Folge hat, daß das Volumen dem Gewichte gegenüber bedeutend verringert wird, und daß diese Pulversubstanz, mag sie nun in Körnerform wie in B oder als fester Körper, wie in C, da sein,

2. gar keine Verwandtschaft zur Feuchtigkeit hat, weil sowohl bei der Körner- wie bei der festen Form, dieselbe durch das Kollodium vollständig zugeschlossen ist, und zwar in dem Maße, daß beliebig langes Liegen in fließendem Wasser ohne Einwirkung auf dieselbe ist.

3. Außer dem, daß es jetzt nach der eingetretenen Verminderung seines Volumens für alle Gewehre und Kanonen verwendbar ist, ist es das geeignetste Medium für alle Sprengzwecke, weil es in kleinem Körper eine so große Kraft birgt, wie kein anderes bekanntes Mittel, was deshalb so wichtig ist, weil vier Fünftel der Unkosten des Sprengens auf die Bohrlöcher und nur ein Fünftel auf den Preis des Sprengmittels fallen.

Wien, 8. November 1870.

Erteilt 11. Juni 1871.

Friedrich Volkmann m. p.

Privat, 13. Florianigasse Wien.

Anhang II.

Nr. 21/257.

Beschreibung der Herstellungsweise eines neuen Schieß- und Sprengpulvers, für dessen Privilegierung ich unter heutigem Datum das Gesuch eingereicht habe.

Man verwende hierzu Laubholz, und zwar am zweckentsprechendsten Erlenholz.

I. Die mechanische Behandlung des Holzes. Man forme das Holz durch entsprechende Schneide- und Sägeinstrumente in derartige Körper, die nach eingetretener Trocknung der Größe der Körner des bekannten schwarzen Schießpulvers möglichst gleich sind.

II. Die chemische Behandlung dieser nach Beschreibung I erhaltenen Holzteilchen, welche in 6 Momente zu teilen ist, und zwar:

    a) Entfernung der Säuren und leichtlöslichen Stoffe,
    b) Entfernung der eiweißhaltigen Stoffe,
    c) Entfernung der Färbestoffe,
    d) Behandlung mit Salpetersäure,
    e) Schwängerung mit Salzen, die Sauerstoff und Stickstoff enthalten,
    f) Behandlung mit Äther und Alkohol.

a) Entfernung der Säuren und leichtlöslichen Stoffe.

Man löse in soviel Wasser, daß 100 Pfund der unter I erhaltenen Holzkörner darin schwimmen können, in einem Kessel (Kupfer ist vorzuziehen) 3 Pfund kohlensaures Natron auf; hierauf tue man 100 Pfund Holzteilchen hinein und koche sie 3—4 Stunden lang, nach welcher Zeit man die unrein gewordene Flüssigkeit abgießt und durch neue ergänzt und wieder 3—4 Stunden kocht, wonach man die Körner etwa 24 Stunden lang kaltem fließenden Wasser aussetzt.

b) Entfernung der eiweißhaltigen Stoffe.

Nachdem die Körner die unter a) beschriebene Behandlung durchgemacht haben und nachher getrocknet worden sind, tue man sie in ein Gefäß mit siebartigem Boden und lasse 15 Minuten lang so stark Dampf durch sie gehen, daß mit Hilfe von Umrühren sich die eiweißhaltigen Stoffe ablösen und fortgeführt werden, wonach die Körner etwa 24 Stunden lang kaltem fließenden Wasser ausgesetzt und dann getrocknet werden.

c) Entfernung der Färbestoffe.

Nachdem die Körner die unter b) beschriebene Behandlung durchgemacht haben, bewirkt man die Entfernung der Färbestoffe durch Anwendung von einer Auflösung von Chlorkalk oder auch Chlorgas.

Wenn Chlorkalk beliebt wird, so löse man 15 Pfund desselben in 260 Pfund Wasser auf in einem luftdicht verschlossenen Gefäße.

Man tue die Körner in ein Gefäß und gieße soviel von der Auflösung darauf, daß sie, nachdem sie gesättigt sind, durch die Flüssigkeit bedeckt sind. Nachdem das Gefäß möglichst dicht bedeckt ist, werden die Körner 2 Stunden lang in der Flüssigkeit umgerührt, worauf sie in frischem reinen Wasser gewaschen werden. Hierauf koche man die Körner in reinem Wasser bis zum Siedepunkt auf, wonach sie 24 Stunden lang kaltem fließenden Wasser ausgesetzt und dann bei mäßig warmer Luft getrocknet werden.

Wenn Chlorgas beliebt wird, so läßt man dasselbe solange durch ein Gefäß mit siebartigem Boden, in dem die Körner sich befinden, durchströmen, bis die Entfärbung eingetreten ist, worauf sie in kaltem Wasser gewaschen und in mäßig warmer Luft getrocknet werden.

d) Behandlung der Körner mit Salpetersäure
nachdem sie die unter c) beschriebene Behandlung durchgemacht haben.

Man nehme 40 Gewichtsteile konzentrierter Salpetersäure die ein spezifisches Gewicht von 148^0 haben muß, mische dieselbe mit 100 Gewichtsteilen Schwefelsäure, die ein spezifisches Gewicht von 184^0 haben muß, mische beides 2 Stunden durcheinander und stelle es kalt. Hierauf tue man 100 Gewichtsteile dieser Mischung in ein eisernes Gefäß, das man dadurch, daß man es in fließendem kalten Wasser aufstellt oder auf andere Weise, kalt zu erhalten sucht und mischt unter beständigem Umrühren 6 Gewichtsteile Körner hinein, rührt sie 2 Stunden lang in der Flüssigkeit umher, nimmt sie dann aus der Flüssigkeit heraus und trocknet sie vermittelst Zentrifugal- oder ähnlicher Maschinen. Hierauf werden die Körner 2 Tage lang kaltem fließenden Wasser ausgesetzt, wonach sie in einer schwachen Auflösung von kohlensaurem Natron bis zum Siedepunkt aufgekocht, wieder 24 Stunden lang kaltem fließenden Wasser ausgesetzt und dann getrocknet werden.

e) Schwängerung der Körner mit Salzen, die Sauerstoff und Stickstoff enthalten,
nachdem sie die unter d) beschriebene Behandlung durchgemacht haben.

Hierzu wird Salpeter im Verbande mit salpetersaurem Baryt gebraucht oder Salpeter allein.

Wird Salpeter mit salpetersaurem Baryt genommen, so löst man 22,5 Gewichtsteile Salpeter und 7,5 Gewichtsteile salpetersauren Baryt in 220 Gewichtsteile Wasser von 112^0 F. auf, worauf man 100 Gewichtsteile Körner hineintut, und sie 10—15 Minuten umherrührt.

Wird Salpeter allein genommen, so löst man 26 Gewichtsteile in 220 Gewichtsteilen Wasser von $67{,}5^0$ F. auf, tut dann 100 Gewichtssteile Körner hinein, die man dann 10—15 Minuten umherrührt.

In beiden Fällen werden die Körner nachher bei einer Temperatur von 110 bis 112° F. getrocknet.

f) Behandlung mit Äther und Alkohol.

Man nehme 5 Volumen chemisch reinen Äther und 1 Volumen absoluten Alkohol, der mindestens 96° T. haben muß, und mische beides in einem luftdicht verschlossenen Gefäße, hierauf tue man in ein anderes Gefäß, das ebenfalls luftdicht verschließbar sein muß und das durch eine Röhre mit dem ersteren in Verbindung steht, so viel der unter e) erhaltenen Pulverkörner, daß es gegen $3/4$ voll wird, verschließe es und lasse durch die Verbindungsröhre so viel von dem Gemisch von Äther und Alkohol in die Körner fließen, daß die Körner, nachdem derjenige Grad der Sättigung derselben eingetreten ist, den man beabsichtigt hat, durch die Flüssigkeit gedeckt sind. In diesem Bade belasse man die Körner, je nach dem Zwecke, den man beabsichtigt, 3—30 Minuten, wobei die Größe der Körner maßgebend ist. Durch Auflösung des Holzstoffes in den Körnern, infolge des Bades, werden die Körner in einen breiartigen Zustand versetzt, man darf also, wenn man das Pulver in feiner Körnerform aufrecht erhalten will, die Körner nicht so lange dem Bade aussetzen, bis die Auflösung des Holzstoffes bis gänzlich in die Mitte der einzelnen Körner gedrungen ist, und ferner muß man in diesem Falle, nachdem die Körner aus dem Bade gehoben sind, jeden Druck auf dieselben vermeiden, weil sie sofort in einen zusammengefesteten Körper dadurch versetzt sein würden. Durch beständiges Rühren, und zwar am besten durch von unten durchströmende Luft und dabei Bestreuen mit trockenem Pulverstaub läßt sich das Vereinzeln der Körner erhalten. Haben die Körner erst die Neigung, aneinander zu kleben verloren, so können sie zuerst gering und dann höher aufgeschichtet werden und werden sie dann erst 12 Stunden bei 24° R. und dann 24 Stunden bei 40° R. getrocknet.

Beabsichtigt man das Pulver als festen Körper zu erhalten, so muß man die Körner so lange dem Bade aussetzen, bis die Auflösung so tief eingedrungen, wie man es bezweckt. Je mehr die Auflösung der Holzsubstanz bewirkt ist, je mehr schwindet das Volumen, und je festere und bei gleichem Gewichte kleinere Körper kann man bei der Pressung erzielen. Wenn man in solchem Falle das Pulver aus dem Bade gehoben, erscheint es als ein Brei, der sich nach Trocknung von 12 Stunden bei Wärme von 24° R in einen Teig verändert haben wird, den man dann mit Hilfe von Formen und Pressen in jede beliebige Gestalt bringen kann. Die größere oder geringere Auflösung des Holzstoffes und geringere oder stärkere Pressung hat einen großen Einfluß auf die Art des Effekts dieser Pulverkörper, so daß man die Brisanz desselben als Gewehrpulver unendlich modifizieren kann und ihm als Sprengmittel die sanft hebende Wirkung verleihen kann, die für den Schieferbruch erwünscht ist, sowie diejenige Heftigkeit, die zum Zertrümmern des Felsengesteins erwünscht ist.

Indem ich hiermit die Beschreibung der Herstellungsweise dieses meines Schieß- und Sprengpulvers beendigt habe, bemerke ich noch, daß

kleine Abweichungen sowohl in bezug auf die Qualität, als auch auf die
Quantitäten der verwendeten Substanzen, als auch unbedeutende Ab-
weichungen in bezug auf die Manipulationen in der Fabrikation die
Herstellung des Pulvers im allgemeinen nicht bedingen, sondern nur die
Qualität desselben.

Die Vorzüge dieses Pulvers demjenigen chemischen Holzpulver gegenüber, dessen Privilegierung ich ebenfalls unter heutigem Datum nachgesucht
habe,*) bestehen darin, daß sein Volumen seinem spezifischen Gewichte
gegenüber bedeutend verringert ist, wodurch es selbst für Gewehre mit
dem kleinsten Raum zur Aufnahme der Ladung verwendbar und günstiger
in ökonomischer Beziehung für Sprengzwecke geworden ist, daß ferner
seine Verwandtschaft zur Feuchtigkeit derartig aufgehoben ist, daß selbst
ein beliebig langes Liegen in fließendem Wasser seinem Effekt gar keinen
Abbruch tut und daß es all die übrigen Eigenschaften des ersteren
Pulvers in höherem Maße hat.

Wien, 3. Februar 1871.

Friedrich Volkmann m. p.

Erteilt am 31. Mai 1871.

*) Dieses Privilegium wurde nicht abgedruckt, weil es mit a bis einschließlich e
des vorliegenden identisch ist.